野核桃种质资源描述规范和数据标准

Descriptors and Data Standard for
Juglans cathayensis Dode Germplasm Resources

邢世岩　主编

中国林业出版社

图书在版编目(CIP)数据

野核桃种质资源描述规范和数据标准 / 邢世岩主编. —北京：中国林业出版社，2016. 5
ISBN 978-7-5038-8476-4

Ⅰ. ①野… Ⅱ. ①邢… Ⅲ. ①山核桃 - 种质资源 - 描写 - 规范 ②山核桃 - 种质资源 - 数据 - 标准 Ⅳ. ①S664. 102. 4-65

中国版本图书馆 CIP 数据核字(2016)第 065651 号

中国林业出版社·环境园林出版分社
责任编辑：何增明 张 华

出版发行：中国林业出版社(100009 北京西城区德内大街刘海胡同 7 号)
网 址：http://lycb. forestry. gov. cn
电 话：(010)83143566
印 刷：北京卡乐富印刷有限公司
版 次：2016 年 5 月第 1 版
印 次：2016 年 5 月第 1 次
开 本：710mm × 1000mm 1/16
印 张：5. 5
字 数：110 千字
定 价：29. 00 元

《野核桃种质资源描述规范和数据标准》编委会

主　编　邢世岩

副主编　李文清　解孝满　鲁仪增　孔倩倩

编　委　邢世岩　李文清　解孝满　鲁仪增
孔倩倩　杜淑辉　唐海霞　刘晓静
王　萱　孙立民　石统兆　张艳辉
刘佩迎　王　敏　门晓妍

前言 PREFACE

野核桃属于胡桃科(Juglandaceae)胡桃属(*Juglans*)中的一个种，多年生木本植物，学名 *Juglans cathayensis* Dode。落叶乔木，为第三纪孑遗植物，中国特有物种。

全世界胡桃科植物有9个属70余种，其中胡桃属现存有20余种，国际上将其分为核桃、灰核桃、黑核桃、心形核桃4个组，分别原产于亚洲中西部、欧洲东南部、北美洲和中南美洲。

野核桃(*J. cathayensis* Dode)、核桃楸(*J. mandshurica* Max.)、核桃(*Juglans regia* L.)、河北核桃(*J. hopeiensis* Hu.)和铁核桃(*J. sigillata* Dode)原产于中国；心形核桃(姬核桃)(*J. cordiformis* Max.)和吉宝核桃(鬼核桃)(*J. sieboldiana* Max.)原产于日本；原产于北美洲、中美洲、南美洲的有灰核桃(*J. cinerea* L.)、黑核桃(*J. nigra* L.)、美国北加利福尼亚州黑核桃[*J. hindsii* (Jeps.) Rehder.]、南加利福尼亚州黑核桃(*J. californias* Wats.)、德克萨斯黑核桃(*J. microcarpa* Berl.)、亚利桑那黑核桃(*J. major* Torr. ex Sitsgr.)以及阿根廷黑核桃(*J. australis* Griseb.)等16个种。在胡桃属植物中，商业化栽培的主要是核桃和泡核桃，其他核桃种仅有少量人工栽培，或作为森林树种利用，或作为植物育种材料。野核桃基本全部处于野生的状态，暂时没有培育品种。

野核桃产于我国的甘肃、山东、陕西、山西、河南、湖北、湖南、四川、贵州、云南、广西等地。生于海拔800~2000(2800)m的杂木林中。目前，对山东地区野核桃的自然分布区进行了全面而系统的调查，并对其农艺性状进行了初步鉴定，还对部分种质进行了抗病、抗逆性鉴定和评价。

规范标准是国家自然科技资源共享平台建设的基础，野核桃种质资源描述规范和数据标准的制定是国家农作物种质资源平台建设的重要内容。制定统一的核桃种质资源规范标准，有利于整合全国野核桃种质资源，规范野核桃种质资源的收集、整理和保存等基础性工作，创造良好的资源和信息共享环境和条件；有利于野核桃种质资源的保护、利用和创新，促进全国野核桃种质资源的有序和快速发展。

野核桃种质资源描述规范规定了野核桃种质资源的描述符及其分级标准，以便对野核桃种质资源进行标准化整理和数字化表达。野核桃种质资源数据标准规定了野核桃种质资源各描述符的字段名称、类型、长度、小数位、代码等，以便建立统一、规范的野核桃种质资源数据库。野核桃种质资源数据质量控制规范规定了野核桃种质资源数据采集全过程中的质量控制内容和质量控制方法，以保证数据的系统性、可比性和可靠性。

《野核桃种质资源描述规范和数据标准》由山东农业大学主持编写。在编写过程中，参考了国内外有关文献，由于篇幅有限，书中仅列主要参考文献，并在此致谢。因编著者水平所限，错误和疏漏之处在所难免，恳请批评指正。

编著者

二〇一六年一月

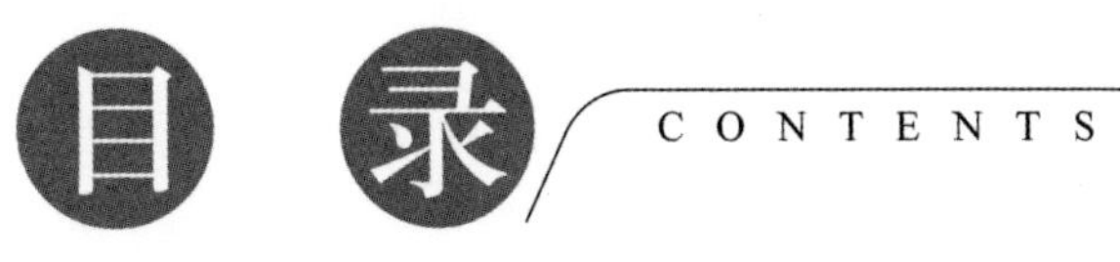

目 录 CONTENTS

野核桃种质资源描述规范和数据标准制定的原则和方法

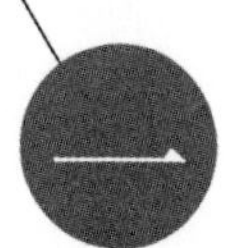

1　野核桃种质资源描述规范制定的原则和方法

1.1　原则

1.1.1　优先采用现有数据库中的描述符和描述标准。

1.1.2　以种质资源研究和育种需求为主，兼顾生产与市场需要。

1.1.3　立足中国现有基础，考虑将来发展，尽量与国际接轨。

1.2　方法和要求

1.2.1　描述符类别分为6类。

1　基本信息

2　形态特征和生物学特性

3　品质特性

4　抗逆性

5　抗病虫性

6　其他特征特性

1.2.2　描述符代号由描述符类别加两位顺序号组成，如“110”“208”“501”等。

1.2.3　描述符性质分为3类。

M　必选描述符（所有种质必须鉴定评价的描述符）

O　可选描述符（可选择鉴定评价的描述符）

C　条件描述符（只对特定种质进行鉴定评价的描述符）

1.2.4 描述符的代码应是有序的，如数量性状从细到粗、从低到高、从小到大、从少到多、从弱到强、从差到好排列，颜色从浅到深，抗性从强到弱等。

1.2.5 每个描述符应有一个基本的定义或说明。数量性状标明单位，质量性状应有评价标准和等级划分。

1.2.6 植物学形态描述符一般附模式图。

1.2.7 重要数量性状以数值表示。

2 野核桃种质资源数据标准制定的原则和方法

2.1 原则

2.1.1 数据标准中的描述符与描述规范相一致。

2.1.2 数据标准优先考虑现有数据库中的数据标准。

2.2 方法和要求

2.2.1 数据标准中的代号与描述规范中的代号一致。

2.2.2 字段名最长12位。

2.2.3 字段类型分字符型(C)、数值型(N)和日期型(D)。日期型的格式为YYYYMMDD。

2.2.4 经度的类型为N，格式为DDDFF；纬度的类型为N，格式为DDFF，其中D为度，F为分；东经以正数表示，西经以负数表示；北纬以正数表示，南纬以负数表示。如“12136”“-3921”。

3 野核桃种质资源数据质量控制规范制定的原则和方法

3.1 采集的数据应具有系统性、可比性和可靠性。

3.2 数据质量控制以过程控制为主，兼顾结果控制。

3.3 数据质量控制方法具有可操作性。

3.4 鉴定评价方法以现行国家标准和行业标准为首选依据；如无国家标准和行业标准，则以国际标准或国内比较公认的先进方法为依据。

3.5 每个描述符的质量控制应包括田间设计，样本数或群体大小，时间或时期，取样数和取样方法，计量单位、精度和允许误差，采用的鉴定评价规范和标准，采用的仪器设备，性状的观测和等级划分方法，数据校验和数据分析。

野核桃种质资源描述简表

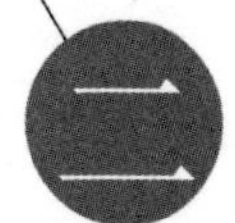

序号	代号	描述符	描述符性质	单位或代码
1	101	全国统一编号	M	
2	102	种质圃编号	M	
3	103	采集号	C/野生资源	
4	104	种质名称	M	
5	105	科名	M	
6	106	属名	M	
7	107	学名	M	
8	108	原产国	M	
9	109	原产省(自治区、直辖市)	M	
10	110	原产地	M	
11	111	海拔	C/野生资源	m
12	112	经度	C/野生资源	
13	113	纬度	C/野生资源	
14	114	来源地	M	
15	115	系谱	C	
16	116	种质类型	M	1:野生资源 2:遗传材料 3:其他
17	117	图像	O	
18	118	观测地点	M	
19	201	树体高矮	M	1:矮小 2:中等 3:高大
20	202	树姿	M	1:直立 2:半开张 3:开张
21	203	树冠形状	M	1:圆球形 2:半圆形 3:圆锥形
22	204	枝下高	O	cm

（续）

序号	代号	描述符	描述符性质	单位或代码
23	205	1 年生枝长度	O	cm
24	206	1 年生枝基径	O	cm
25	207	1 年生枝节间长度	O	cm
26	208	发育枝颜色	O	1:灰绿　2:银灰　3:灰褐　4:褐
27	209	皮目大小	O	1:小　2:中　3:大
28	210	皮目密度	O	1:稀　2:中　3:密
29	211	枝条茸毛密度	C/有茸毛种质	1:稀　2:中　3:密
30	212	小叶片形状	O	1:卵圆形　2:倒卵圆形　3:椭圆形　4:矩椭圆形　5:矩圆形　6:纺锤形　7:披针形　8:阔披针形
31	213	小叶数	O	1:少　2:中　3:多
32	214	复叶柄长	O	cm
33	215	复叶长	O	1:短　2:长
34	216	复叶长宽比	O	1:小　2:中　3:大
35	217	复叶面积	O	1:小　2:中　3:大
36	218	叶色	O	1:浅绿　2:黄绿　3:绿　4:浓绿
37	219	叶片含水量	O	1:低　2:中　3:高
38	220	叶尖形状	O	1:急尖　2:渐尖　3:骤尖
39	221	叶缘形状	O	1:浅波状　2:细锯齿状　3:全缘
40	222	混合芽形状	O	1:梯形　2:三角形　3:长三角形
41	223	雌花数量	M	个
42	224	柱头颜色	O	1:淡黄　2:黄绿　3:微红　4:鲜红
43	225	雄花序长度	O	cm
44	226	雄花序数	O	个
45	227	花粉量	O	1:少　2:中　3:多
46	228	花粉育性	O	1:败育　2:可育
47	229	结果母枝粗度	M	cm
48	230	侧芽抽生果枝数	M	个
49	231	侧芽抽生果枝率	O	%
50	232	连续结果能力	O	1:弱　2:中　3:强
51	233	单枝结果数	O	1:单果　2:单、双　3:双、三　4:三个以上
52	234	二次生长	O	1:无　2:有

（续）

序号	代号	描述符	描述符性质	单位或代码
53	235	坐果率	M	%
54	236	实生早果性	O	1:早　2:晚
55	237	丰产性	M	1:低　2:中　3:高
56	238	萌芽期	M	
57	239	展叶期	O	
58	240	雄花初开期	M	
59	241	雄花盛开期	O	
60	242	雌花初开期	M	
61	243	雌花盛开期	O	
62	244	核壳硬化期	O	
63	245	果实成熟期	M	
64	246	果实发育期	O	天
65	247	落叶期	O	
66	248	青果与母体易剥离程度	O	1:易　2:难
67	249	青果形状	O	1:圆形　2:椭圆形　3:近椭圆　4:卵椭圆形　5:卵圆形
68	250	青果颜色	O	1:淡黄　2:黄绿　3:绿　4:浓绿
69	251	青果长度	O	1:短　2:中　3:长
70	252	青果宽度	O	1:窄　2:宽
71	253	青果厚度	O	1:薄　2:厚
72	254	青果重量	M	g
73	255	青果斑点	O	1:无　2:稀　3:密
74	256	青果表面茸毛	O	1:无　2:有
75	257	青果顶部	O	1:凸尖　2:微凸　3:平
76	258	青皮厚度	M	cm
77	259	青皮剥离难易	O	1:易　2:难
78	260	坚果形状	O	1:圆形　2:近圆形　3:椭圆形　4:长椭圆形　5:卵椭圆形　6:橄榄形　7:倒卵形　8:心形
79	261	坚果单果重量	M	g
80	262	坚果光洁度	O	1:光滑　2:粗糙
81	263	坚果颜色	O	1:棕黄　2:浅褐　3:褐　4:深褐
82	264	坚果顶部形状	O	1:较尖　2:钝尖　3:平滑

（续）

序号	代号	描述符	描述符性质	单位或代码
83	265	坚果果底形状	O	1:较尖　2:钝尖　3:近圆　4:平
84	266	缝合线特征	O	1:凸出　2:微凸　3:不凸出
85	267	缝合线周围凹陷	O	1:明显　2:轻微凹陷　3:不明显
86	268	棱脊数量	M	1:6 条　2:7 条　3:8 条
87	269	核壳沟纹	O	1:稀　2:中等　3:密
88	270	核壳沟纹深浅	O	1:浅　2:深
89	271	核壳厚度	O	mm
90	272	内褶壁	M	
91	273	隔膜	M	骨质
92	274	取仁难易	M	1:易　2:难
93	275	出仁率	M	%
94	276	核仁饱满度	M	1:饱满　2:较饱满　3:干瘪
95	277	核仁平均重	M	g
96	278	核仁皮色	M	1:淡黄　2:黄褐　3:褐　4:深褐 5:紫红
97	301	坚果颜色均匀度	M	1:差　2:中　3:好
98	302	坚果均匀度	M	1:差　2:中　3:好
99	303	核仁脂肪含量	M	%
100	304	核仁蛋白质含量	M	%
101	305	核仁风味	M	1:差　2:中　3:好
102	401	抗旱性	O	1:强　2:中　3:弱
103	402	耐涝性	O	1:强　2:中　3:弱
104	403	抗寒性	O	1:强　2:中　3:弱
105	404	抗晚霜能力	M	1:强　2:中　3:弱
106	501	青果炭疽病抗性	O	1:高抗　2:抗　3:中抗　4:感 5:高感
107	502	野核桃细菌性黑斑病抗性	O	1:高抗　2:抗　3:中抗　4:感 5:高感
108	503	白粉病抗性	O	1:高抗　2:抗　3:中抗　4:感 5:高感
109	504	举肢蛾抗性	O	1:高抗　2:抗　3:中抗　4:感 5:高感
110	505	其他抗病菌特性	O	
111	601	指纹图谱与分子标记	O	
112	602	备注		

野核桃种质描述规范

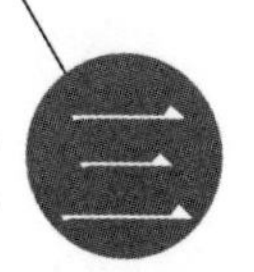

1 范围

本规范规定了野核桃种质资源的描述符及其分级标准。

本规范适用于野核桃种质资源的收集、整理和保存，数据标准和数据质量控制规范的制定以及数据库和信息共享网络系统的建立。

2 规范性引用文件

下列文件中的条款通过本规范的引用而成为本规范的条款。凡是注日期的引用文件，其随后所有的修改单(不包括勘误的内容)或修订版均不适用于本规范，然而，鼓励根据本规范达成协议的各方研究是否可使用这些文件的最新版本。凡是不注日期的引用文件，其最新版本适用于本规范。

ISO 3166 Codes for the Representation of Names of Countries

GB/T 2659 世界各国和地区名称代码

GB/T 2260 中华人民共和国行政区划代码

GB/T 12404 单位隶属关系代码

GB/T 4407 经济作物种子

GB/T 7415 主要农作物种子贮藏

GB/T 3543 – 1995 农作物种子检验规程

GB/T 10220 – 1988 感官分析方法总论

3 术语和定义

3.1 野核桃

野核桃属胡桃科(Juglandaceae)胡桃属(*Juglans*)中的一个种，多年生木本植物，学名 *Juglans cathayensis* Dode。落叶乔木，为第三纪孑遗植物，野核桃仅分布于中国部分地区，是我国特有的胡桃属植物。种子油可食用，可做肥皂，做润滑油；树皮和外果皮含鞣质，可做栲胶原料；内果皮厚，可做活性炭；树皮纤维可做纤维工业原料。野核桃药用价值较大，民间常将野核桃根皮用于清热燥湿、清肠、明目、杀虫等。常作为嫁接核桃的砧木。

3.2 野核桃种质资源

野核桃种质资源包括野核桃野生资源、保存资源、遗传材料等。

3.3 基本信息

野核桃种质资源基本情况描述信息，包括全国统一编号、种质名称、学名、原产地、种质类型等。

3.4 形态特征和生物学特性

野核桃种质资源的植物学形态、产量和物候期性状等特征特性。

3.5 品质特性

野核桃种质资源的品质特性包括商品品质、感官品质和营养品质性状。商品品质性状包括坚果大小、坚果颜色均匀度、坚果重量均匀度等；感官品质包括坚果核仁品质、风味等；营养品质性状包括核仁脂肪和蛋白质含量等。

3.6 抗逆性

抗逆性是指野核桃种质资源对各种非生物胁迫的适应或抵抗能力，包括抗旱性、耐涝性、抗寒性等。

3.7 抗病虫性

抗病虫性是指野核桃种质资源对各种生物胁迫的适应或抵抗能力，包括青果炭疽病、细菌性黑斑病、叶片白粉病等。

3.8 野核桃的发育年周期

野核桃在1年中随外界环境条件的变化而出现一系列的生理和形态变化，并呈现一定的生长发育规律性。这种随气候而变化的生命活动过程，称为发育年周期，可分为营养生长期和休眠期两个阶段。营养生长期包括发芽期、展叶期、雌花盛开期、雄花盛开期、果实成熟期和落叶期等。有5%的芽萌发，并开始露出幼叶为发芽期；5%的幼叶展开为展叶期；50%雌花柱头分叉成30°~45°为雌花盛开期；50%雄花花序萼片开裂、小花开始散粉为雄花盛开期；30%的青果果皮变黄或开始开裂为果实成熟期；植株的叶片有25%干枯、脱落为落叶期。

3.9 坚果营养品质分析

营养品质是指平均每百克核仁干样中脂肪、蛋白质、碳水化合物的含量；此外，还有维生素B_2、维生素C、钙、铁等的含量。

4 基本信息

4.1 全国统一编号

种质的唯一标识号，野核桃种质资源的全国统一编号由“YHTI”加4位顺序号组成。

4.2 种质圃编号

野核桃种质在国家野核桃种质资源圃中的编号，由阿拉伯数字顺序号组成。

4.3 采集号

野核桃种质在野外采集时赋予的编号。

4.4 种质名称

野核桃种质的中文名称。

4.5 科名

胡桃科 Juglandaceae。

4.6 属名

胡桃属 *Juglans*。

4.7 学名

野核桃的学名是 *Juglans cathayensis* Dode。

4.8 原产国

野核桃种质的原产国家名称。

4.9 原产省

国内野核桃种质的原产省(自治区、直辖市)名称。

4.10 原产地

国内野核桃种质的原产县、乡、村名称。

4.11 海拔

野核桃种质原产地的海拔高度，单位为 m。

4.12 经度

野核桃种质原产地的经度，单位为°和′。格式为 DDDFF，其中 DDD 为度，FF 为分。

4.13 纬度

野核桃种质原产地的纬度，单位为°和′。格式为 DDFF，其中 DD 为度，FF 为分。

4.14 来源地

国内种质的来源省(自治区、直辖市)、县名称。

4.15 系谱

野核桃不同分布区植株的亲缘关系。

4.16 种质类型

野核桃种质类型分为 3 类。

1 野生资源
2 遗传材料
3 其他

4.17 图像

野核桃种质的图像文件名。图像格式为 . jpg。

4.18 观测地点

野核桃种质形态特征和生物学特性观测地点的名称。

5 形态特征和生物学特性

5.1 树体高矮

野核桃成龄树(指进入盛果期的树，下同)地上部分的高度。

1 矮小
2 中等
3 高大

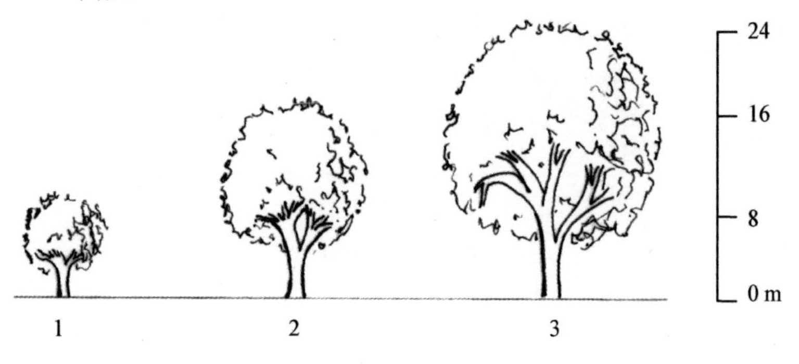

图 1 树体高度

5.2 树姿

野核桃成龄树枝、干的角度大小。

1 直立
2 半开张
3 开张

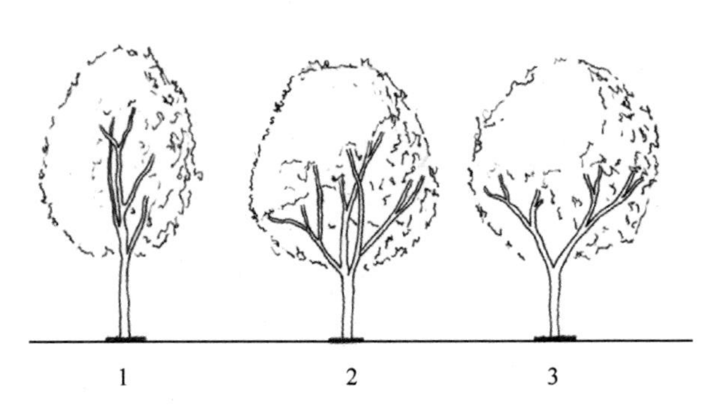

图 2　树姿

5.3　树冠形状

野核桃成龄树的树冠外形。

1　圆球形

2　半圆形

3　圆锥形

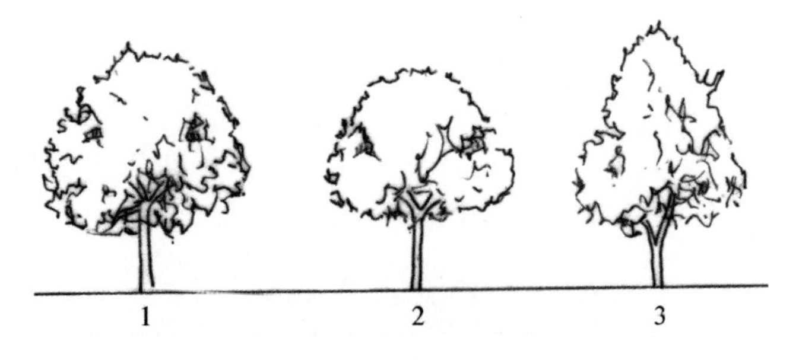

图 3　树冠形状

5.4　枝下高

野核桃成龄树野生状态下的枝下高度，单位为 m。

1　低

2　中

3　高

5.5　1 年生枝长度

野核桃成龄树 1 年生枝的长度，单位为 cm。

5.6　1年生枝基径

野核桃成龄树1年生枝基经，单位为cm。

5.7　1年生枝节间长度

野核桃成龄树1年生枝上相邻两芽之间的长度，单位为cm。

5.8　发育枝颜色

野核桃成龄树枝条表皮颜色。

1　灰绿
2　银灰
3　灰褐
4　褐

5.9　皮目大小

野核桃树冠外围由顶芽抽生的1年生发育枝上皮目的大小。

1　小
2　中
3　大

5.10　皮目密度

树冠外围由顶芽抽生的1年生发育枝上皮目的密度。

1　稀
2　中
3　密

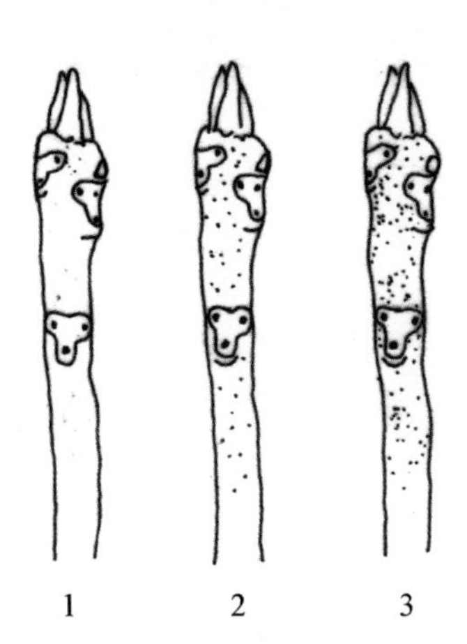

图4　皮目密度

5.11 枝条茸毛密度

正常发育枝中部有茸毛，枝条上的茸毛密度。

1 稀

2 中

3 密

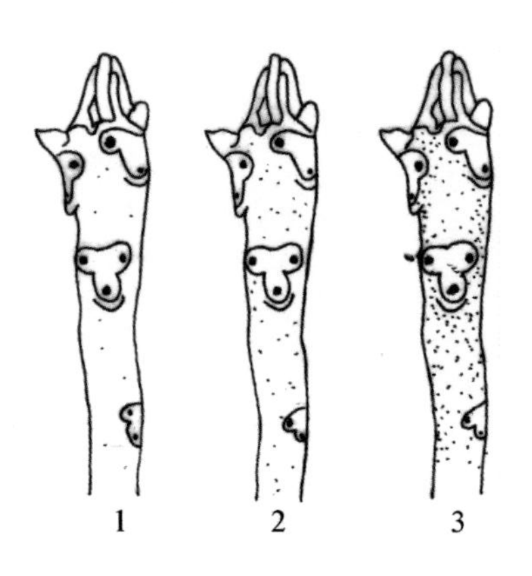

图5 枝条茸毛密度

5.12 小叶片形状

正常发育枝中段，羽状复叶中部的小叶片的形状。

1 卵圆形

2 倒卵圆形

3 椭圆形

4 矩椭圆形

5 矩圆形

6 纺锤形

7 披针形

8 阔披针形

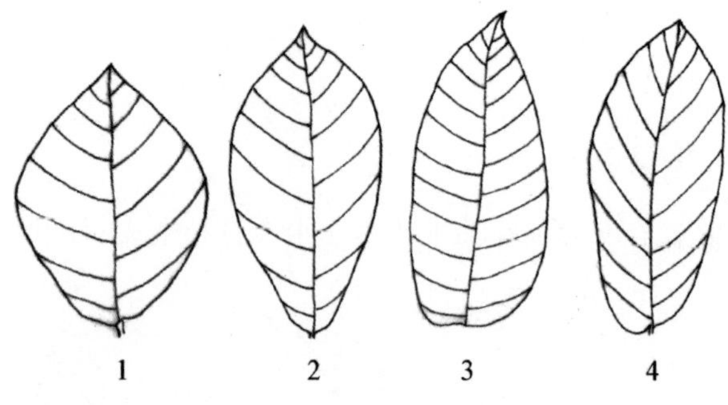

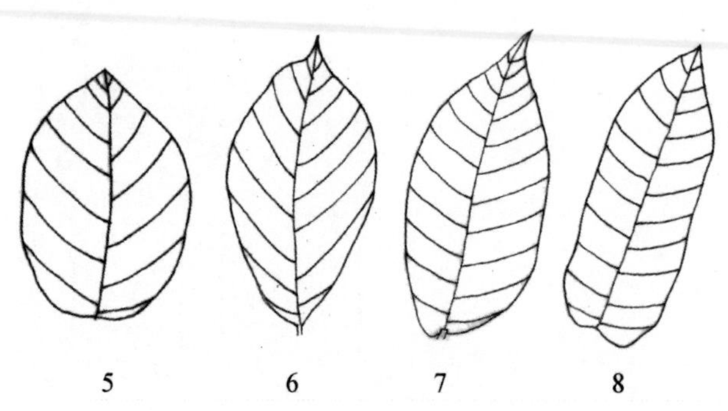

图6 小叶片形状

5.13 小叶数

正常发育枝中部羽状复叶上小叶片的数量。

1 少

2 中

3 多

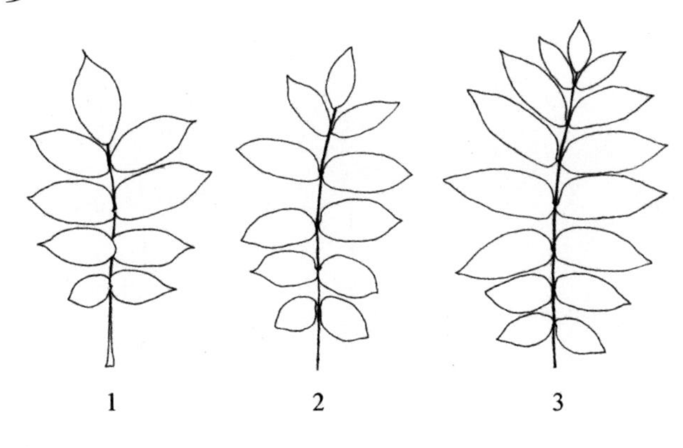

图7 小叶数

5.14 复叶柄长

野核桃正常发育枝中部羽状复叶的叶柄长，单位为cm。

5.15 复叶长

野核桃正常发育枝中部羽状复叶的长度，单位为cm。

1 短

2 长

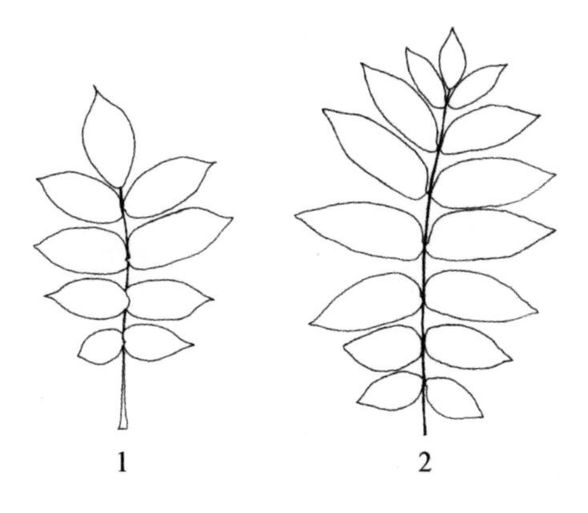

图8 复叶长

5.16 复叶长宽比

野核桃正常发育枝中部羽状复叶的长宽比。

1 小

2 中

3 大

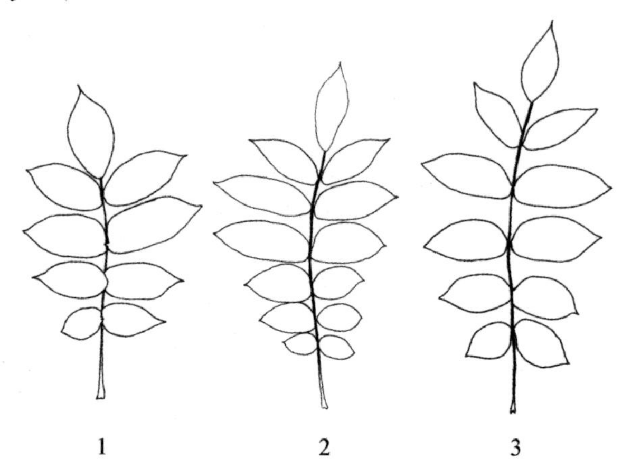

图 9 复叶长宽比

5.17 复叶面积

野核桃正常发育枝中部羽状复叶的叶面积，单位为 cm^2。

1 小

2 中

3 大

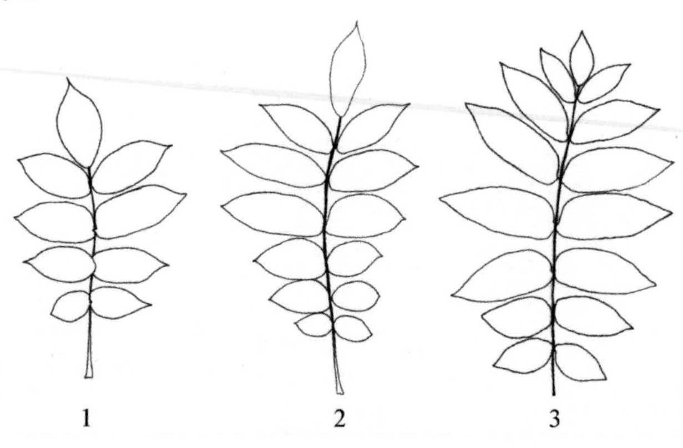

图 10 复叶面积

5.18 叶色

野核桃正常发育枝中部叶片的颜色。

1 浅绿

2 黄绿

3 绿

4 浓绿

5.19 叶片含水量

野核桃正常发育枝中部羽状复叶的叶片含水量。

含水量 =（叶片鲜重 – 叶片干重）/叶片鲜重 ×100%

1 低

3 高

5.20 叶尖形状

正常发育枝中段，羽状复叶中部小叶的叶尖形状。

1 急尖

2 渐尖

3 骤尖

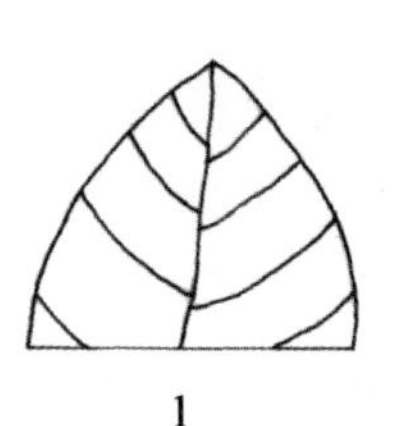
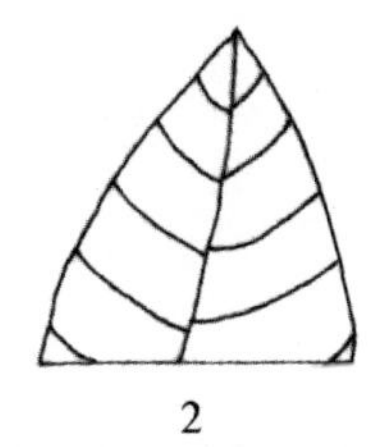

1　　2　　3

图 11 叶尖形状

5.21 叶缘形状

正常发育枝中部羽状复叶中小叶的叶缘形状。

1 浅波状

2 细锯齿状

3 全缘

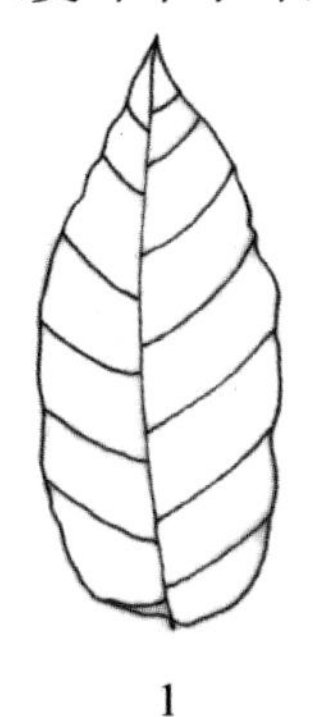
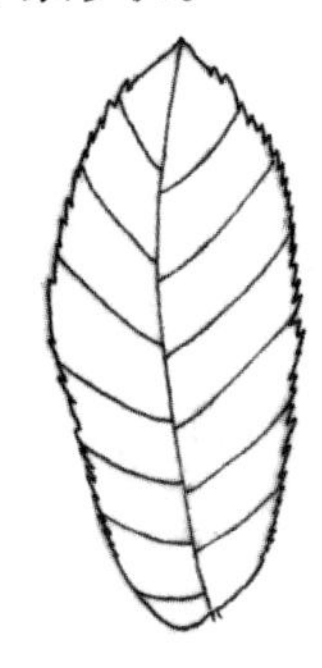
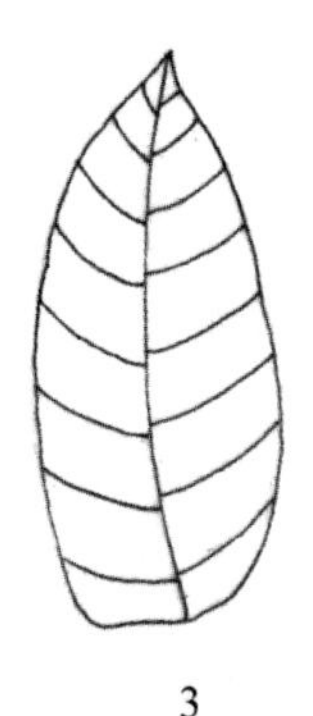

1　　2　　3

图 12 叶缘形状

5.22 混合芽形状

着生在正常结果母枝上的混合芽的外观形状。

1 梯形

2 三角形

3 长三角形

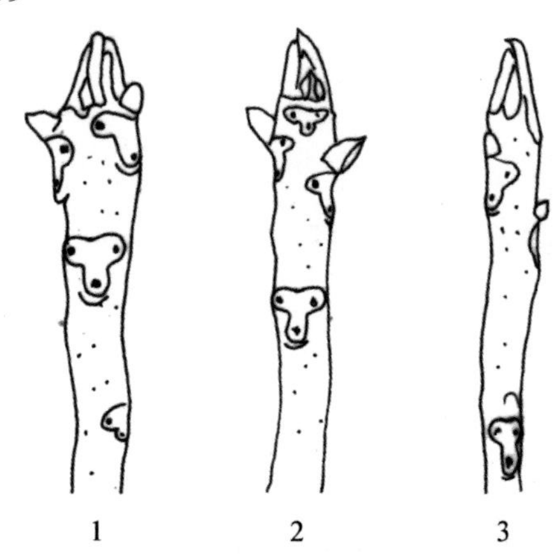

图 13 混合芽形状

5.23 雌花数量

野核桃成龄树结果枝上着生雌花的数量，单位为个。

5.24 柱头颜色

树冠外围由顶生混合芽抽生的结果枝上雌花盛开时柱头的颜色。

1 淡黄

2 黄绿

3 微红

4 鲜红

5.25 雄花序长度

由 1 年生枝中部或中下部雄花芽抽生的柔荑花序长度，测量时从基部量至顶端，单位为 cm。

5.26 雄花序数

树冠外围由顶芽抽生的结果枝上的雄花序的个数，单位为个。

5.27 花粉量

雄花序散出花粉的多少。

1 少

2 中

3 多

5.28 花粉育性

雄花器的发育状况，能否完成授粉受精的能力。

1 败育

2 可育

5.29 结果母枝粗度

野核桃成龄树冠外围正常结果母枝中部的粗度，单位为 cm。

5.30 侧芽抽生果枝数

野核桃成龄树冠外围正常结果母枝上抽生结果枝的数量，单位为个。

5.31 侧芽抽生果枝率

正常结果母枝上所有侧芽中抽生的结果枝数占侧芽的百分率，以% 表示。

5.32 连续结果能力

野核桃成龄树的结果枝连续 2 年以上形成结果母枝的能力。

1 弱

2 中

3 强

5.33 单枝结果数

野核桃成龄树冠外围正常结果母枝抽生的结果枝，每枝的结果数量。

1 单果

2 单、双

3 双、三

4 三个以上

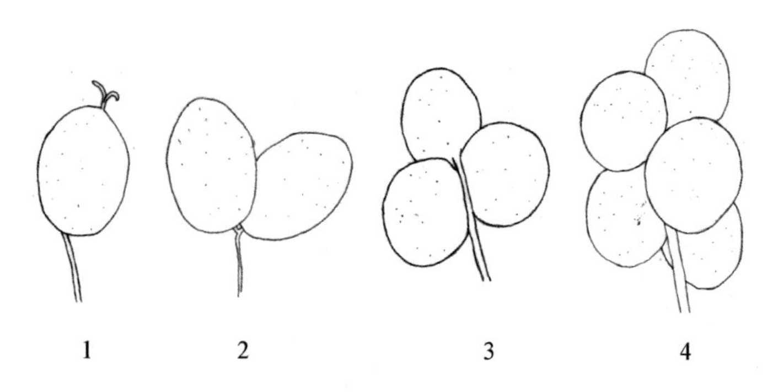

图 14　单枝结果数

5.34　二次生长

野核桃成龄树春梢封顶后，由顶部芽抽生副梢的特性。

1　无

2　有

5.35　坐果率

野核桃成龄树单株结果枝上着果数占雌花总数的百分率，以% 表示。

5.36　实生早果性

实生树结果早晚。

1　早

2　晚

5.37　丰产性

野核桃成龄树每平方米树冠投影面积收获的坚果，经干燥处理后的重量（g/m^2）。根据重量多少分 3 级。

1　低

2　中

3　高

5.38　萌芽期

树冠外围结果母枝顶芽有 5% 萌动并开始露出幼叶的日期。以“年月日”表示，格式为“YYYYMMDD”。

5.39 展叶期

树冠外围1年生枝顶芽有5%幼叶展开的日期。以“年月日”表示，格式为“YYYYMMDD”。

5.40 雄花初开期

雄花序萼片刚刚开裂、小花开始散粉的日期。以“年月日”表示，格式为“YYYYMMDD”。

5.41 雄花盛开期

50%的雄花序萼片开裂、小花开始散粉的日期。以“年月日”表示，格式为“YYYYMMDD”。

5.42 雌花初开期

雌花柱头刚刚开始分叉的日期。以“年月日”表示，格式为“YYYYMMDD”。

5.43 雌花盛开期

50%雌花柱头分叉成30°~45°角的日期。以“年月日”表示，格式为“YYYYMMDD”。

5.44 核壳硬化期

核壳自果顶向基部逐渐硬化，同时果实内的隔膜和内褶壁也逐渐硬化的时期。以“年月日”表示，格式为“YYYYMMDD”。

5.45 果实成熟期

全树有30%青果皮颜色变黄或略有开裂，核果发育达到固有形状、核仁质地、风味和营养物质含量不再变化的日期。以“年月日”表示，格式为“YYYYMMDD”。

5.46 果实发育期

从盛花到果实成熟所经历的天数，单位为天。

5.47 落叶期

植株叶片色泽绿色减退、变黄、脱落的日期，为落叶期。以“年月日”表示，格式为“YYYYMMDD”。

5.48　青果与母体易剥离程度

青果发育成熟时，青果与母体的易剥离程度。

1　易

2　难

5.49　青果形状

青果发育至成熟时的外部形态。

1　圆形

2　椭圆形

3　近椭圆形

4　卵椭圆形

5　卵圆形

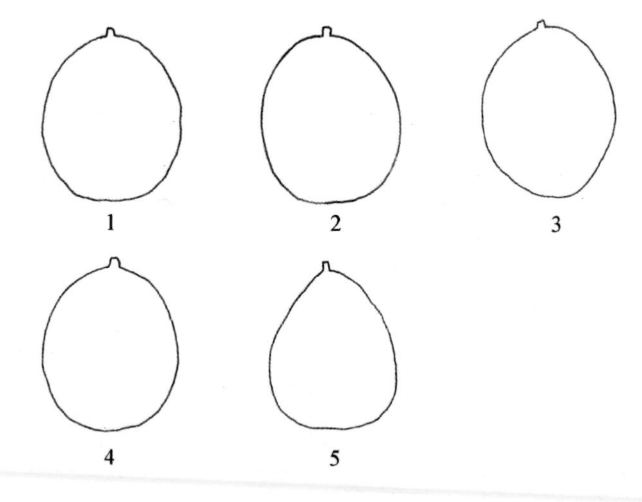

图 15　青果形状

5.50　青果颜色

青果成熟后期表皮(青皮)的颜色。

1　淡黄

2　黄绿

3　绿

4　浓绿

5.51 青果长度

青果成熟后期，测量平行坚果缝合线方向的长度。

1 短

2 中

3 长

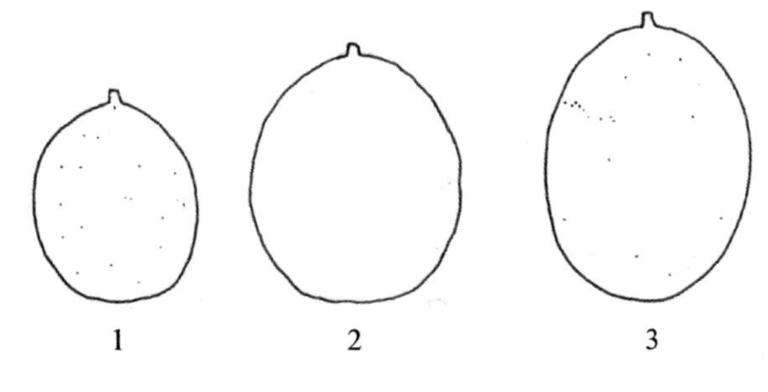

图16 青果长度

5.52 青果宽度

青果成熟后期，测量垂直坚果缝合线方向（过缝合线）的长度。

1 窄

2 宽

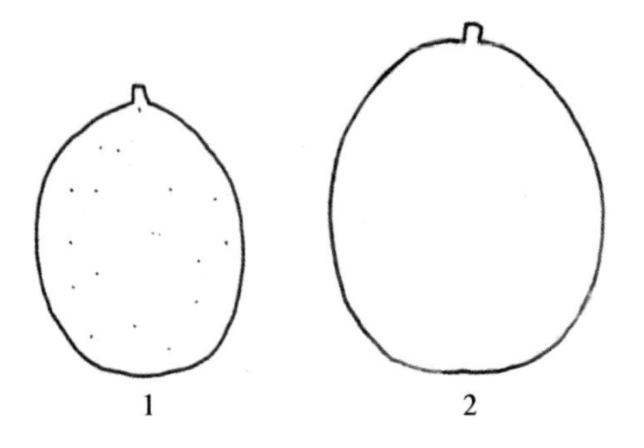

图17 青果宽度

5.53 青果厚度

青果成熟后期，测量垂直坚果缝合线方向（不过缝合线）的长度。

1 薄

2 厚

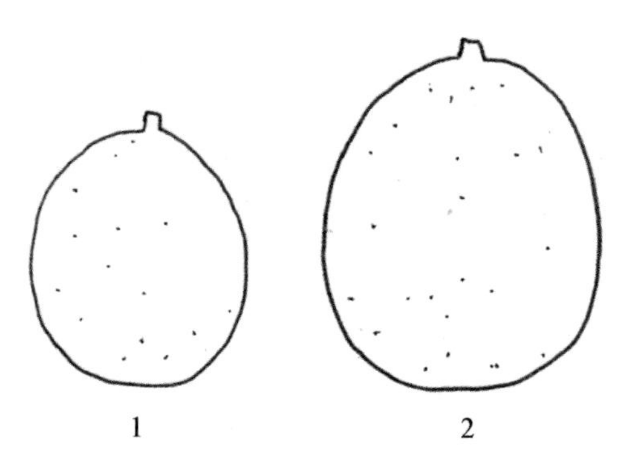

图 18　青果厚度

5.54　青果重量

青果成熟后期，测量完整果实(青果)的平均单个果实的重量，单位为 g。

5.55　青果斑点

青果成熟后期，表皮(青皮)上的斑点多少。

1　无
2　稀
3　密

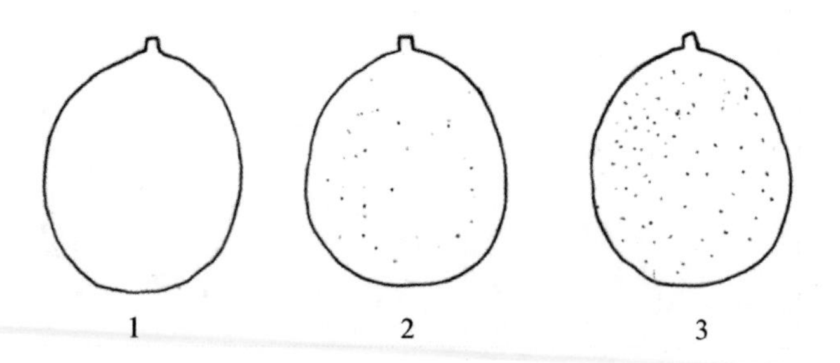

图 19　果点密度

5.56　青果表面茸毛

青果成熟后期，表皮上(青皮)有无茸毛。

1　无
2　有

5.57 青果顶部

青果顶部的外部形态。

1 凸尖

2 微凸

3 平

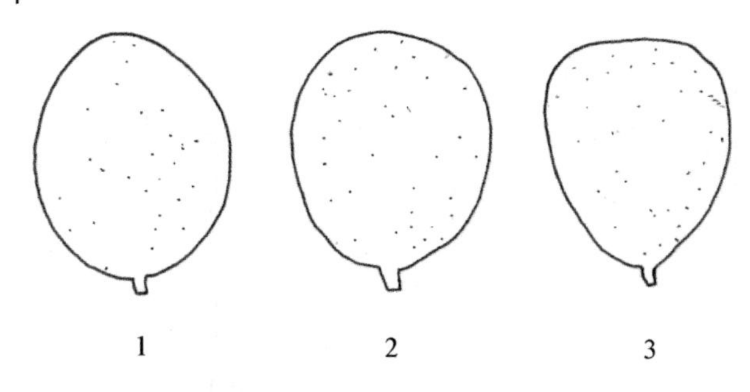

图 20 青果顶部形态

5.58 青皮厚度

青果成熟后期，果实中部外果皮(青皮)的厚度，单位为 mm。

5.59 青皮剥离难易

青果成熟后期，外果皮(青皮)是否容易剥离的程度。

1 易

2 难

5.60 坚果形状

完全成熟的果实，脱除青皮后的坚果形状。

1 圆形

2 近圆形

3 椭圆形

4 长椭圆形

5 卵椭圆形

6 橄榄形

7 倒卵形

8 心形

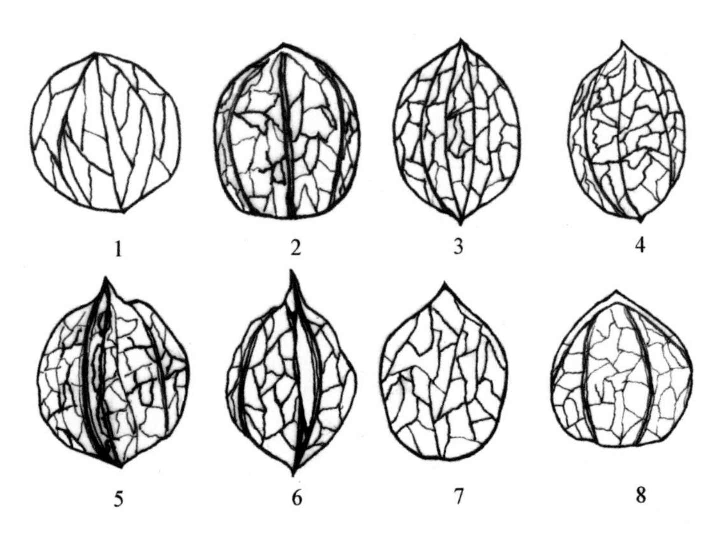

图 21　坚果形状

5.61　坚果单果重量

完全成熟时，坚果(经采后干燥处理，下同)的平均重量，单位为 g。

5.62　坚果光洁度

完全成熟的坚果表面的光洁程度。

1　光滑
2　粗糙

5.63　坚果颜色

完全成熟的坚果外观的颜色。

1　棕黄
2　浅褐
3　褐
4　深褐

5.64　坚果顶部形状

完全成熟坚果的顶部形状。

1　较尖
2　钝尖
3　平滑

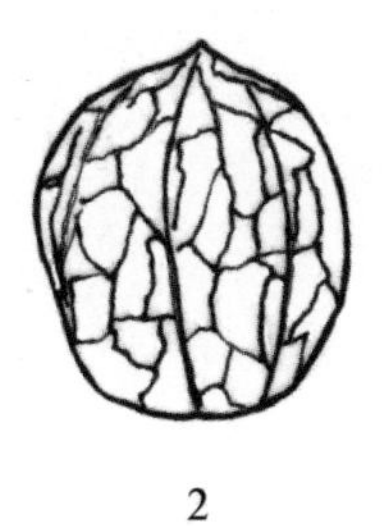

图 22　果顶

5.65　坚果果底形状

完全成熟坚果的底部的形状。

1　较尖

2　钝尖

3　近圆

4　平

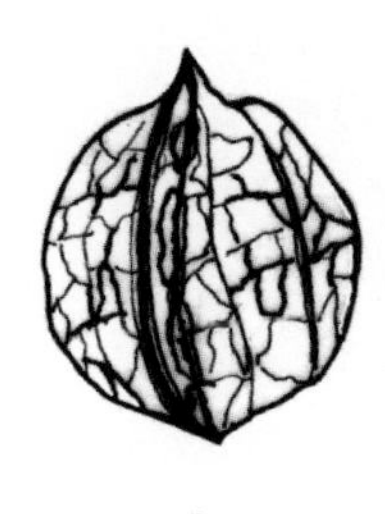

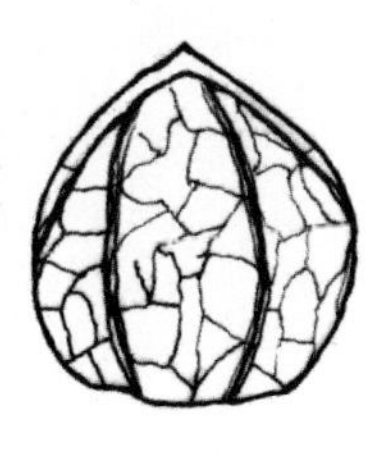

图 23　果底

5.66　缝合线特征

完全成熟坚果的缝合线的特征。

1　凸出

2　微凸

3　不凸出

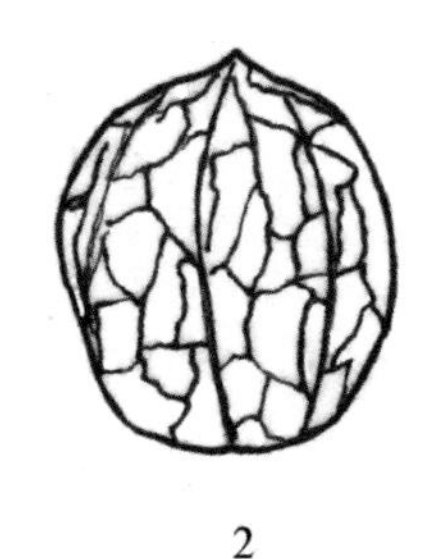

1　　2　　3

图 24　缝合线特征

5.67　缝合线周围凹陷

缝合线周围的凹陷情况。

1　明显

2　轻微凹陷

3　不明显

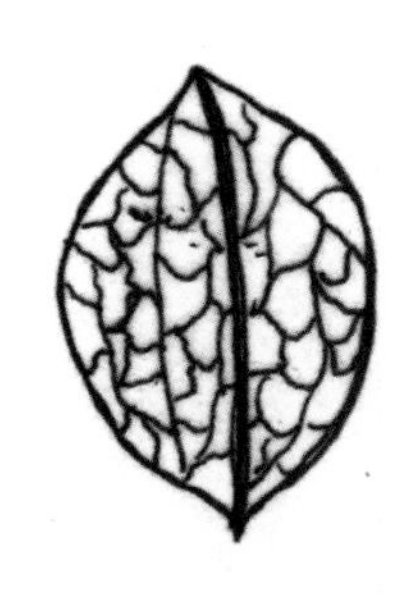

1　　2　　3

图 25　缝合线周围凹陷

5.68　棱脊

成熟坚果的棱脊有无，数量是多少。

1　6 条

2　7 条

3　8 条

5.69　核壳沟纹

完全成熟的坚果表面沟纹的稀密情况。

1　稀

2　中等

3　密

5.70　核壳沟纹深浅

完全成熟的坚果表面沟纹的深浅。

1　浅

2　深

5.71　核壳厚度

完全成熟的坚果核壳的厚度，单位为 mm。

5.72　内褶壁

完全成熟的坚果核壳其壁内褶的特征。

5.73　隔膜

完全成熟的坚果心室隔膜的特征。

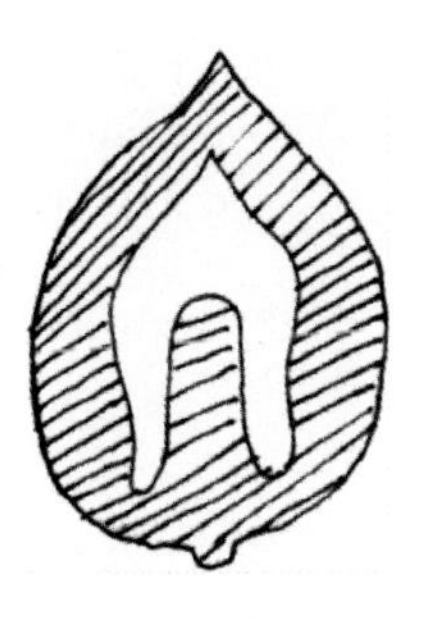

图 26　隔膜

5.74　取仁难易

破壳取出完全成熟的坚果核仁的难易程度。

1　易

2　难

5.75　出仁率

完全成熟的坚果可取出的野核桃仁的重量占总坚果重量的百分比，用%表示。

5.76 核仁饱满度

完全成熟的坚果，其核仁的充实、饱满程度。

1 饱满

2 较饱满

3 干瘪

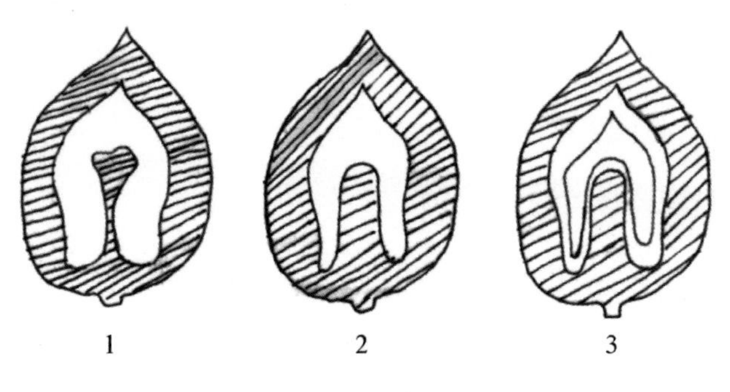

图 27 核仁饱满度

5.77 核仁平均重

完全成熟的坚果，单个核仁的平均重量，单位为 g。

5.78 核仁皮色

完全成熟的坚果，其核仁表皮的颜色。

1 淡黄

2 黄褐

3 褐

4 深褐

5 紫红

6 坚果品质特性

6.1 坚果颜色均匀度

完全成熟后，坚果表皮颜色的均匀程度。

1 差

2 中

3 好

6.2 坚果均匀度

完全成熟后，坚果重量的均匀程度。

1 差

2 中

3 好

6.3 核仁脂肪含量

完全成熟的坚果核仁的脂肪含量，以%表示。

6.4 核仁蛋白质含量

完全成熟的坚果核仁的蛋白质含量，以%表示。

6.5 核仁风味

完全成熟后，品尝坚果核仁时口感香甜、微涩、苦涩等的感觉，根据品尝结果分3级。

1 好

2 中

3 差

7 抗逆性

7.1 抗旱性

野核桃植株抵抗或忍耐干旱的能力。

1 强

2 中

3 弱

7.2 耐涝性

野核桃植株抵抗或忍耐多湿水涝的能力。

1 强

2 中

3 弱

7.3 抗寒性

野核桃植株抵抗或忍耐低温寒冷的能力。

1 强
2 中
3 弱

7.4 抗晚霜能力

野核桃植株抵抗或忍耐晚霜的能力。

1 强
2 中
3 弱

8 抗病虫性

8.1 青果炭疽病抗性

野核桃青果对炭疽病[*Glomerella cingulata*（Stonem.）Schr. et. Spauld]的抗性强弱。

1 高抗(HR)
2 抗(R)
3 中抗(MR)
4 感(S)
5 高感(HS)

8.2 野核桃细菌性黑斑病抗性

野核桃青果对细菌性黑斑病[*Xanthomonas juglandis*（Pierce）Donwson]的抗性强弱。

1 高抗(HR)
2 抗(R)
3 中抗(MR)
4 感(S)
5 高感(HS)

8.3 白粉病抗性

野核桃叶片对白粉病[*Microsphaera juglandis* (Jacz.) Golov. = *M. yamadai* (Salm.) Syd.]的抗性强弱。

1 高抗(HR)
2 抗(R)
3 中抗(MR)
4 感(S)
5 高感(HS)

8.4 举肢蛾抗性

野核桃植株对核桃举肢蛾(*Atrijuglans hetaohei* Yang)的抗性强弱。

1 高抗(HR)
2 抗(R)
3 中抗(MR)
4 感(S)
5 高感(HS)

8.5 其他抗病菌特性

野核桃叶的提取物的体外抗菌作用，对革兰氏阳性菌有明显的抗菌作用，并对新隐球菌亦有明显抗真菌效应。

9 其他特征特性

9.1 指纹图谱与分子标记

野核桃核心种质 DNA 指纹图谱的构建和重要农艺性状的分子标记类型及其特征参数。

9.2 备注

野核桃种质特殊描述符或特殊代码的具体说明。

四 野核桃种质资源数据标准

序号	代号	描述符	字段名	字段英文名	字段类型	字段长度	字段小数位	单位	代码	代码英文名	例子
1	101	全国统一编号	统一编号	Accession number	C						YHTI0001
2	102	种质圃编号	圃编号	Repository number	C						
3	103	采集号	采集号	Collecting number	C						
4	104	种质名称	种质名称	Accession name	C						
5	105	科名	科名	Family	C						Juglandaceae（胡桃科）
6	106	属名	属名	Genus	C						*Juglans*（胡桃属）
7	107	学名	学名	Species	C						*Juglans cathayensis* Dode（野核桃）
8	108	原产国	国家	Country of origin	C						中国
9	109	原产省	省	Province of origin	C						山东
10	110	原产地	原产地	Origin	C						泰安市

（续）

序号	代号	描述符	字段名	字段英文名	字段类型	字段长度	字段小数位	单位	代码	代码英文名	例子
11	111	海拔	海拔	Altitude	N			m			1545
12	112	经度	经度	Longitude	N						12136
13	113	纬度	纬度	Latitude	N						3609
14	114	来源地	来源地	Sample source	C						泰安
15	115	系谱	系谱	Pedigree	C						
16	116	种质类型	种质类型	Biological status of accession	C				1:野生资源 2:遗传材料 3:其他	1:Wild 2:Genetic stocks 3:Others	野生资源
17	117	图像	图像	Image file name	C						YHTI0001-1. jpg
18	118	观测地点	观测地点	Observation location	C						
19	201	树体高矮	树体高矮	Plant height	C				1:矮小 2:中等 3:高大	1:Low 2:Intermediate 3:High	高大
20	202	树姿	树姿	Tree form	C				1:直立 2:半开张 3:开张	1:Upright 2:Semi-open 3:Open	开张
21	203	树冠形状	树冠形状	Tree crown types	C				1:圆球形 2:半圆球形 3:圆锥形	1:Sphere 2:Semisphere 3:Cone	圆球形
22	204	枝下高	枝下高	The height of the branch	N			m	1:高 2:中 3:低	1:High 2:Intermediate 3:Low	
23	205	1年生枝长度	1年生枝长度	Length of new branch	N			cm			7. 97
24	206	1年生枝基径	1年生枝基径	Wide of annual branch	N			cm			0. 71

（续）

序号	代号	描述符	字段名	字段英文名	字段类型	字段长度	字段小数位	单位	代码	代码英文名	例子
25	207	1年生枝节间长度	节间长度	Length of internode	N			cm			1.47
26	208	发育枝颜色	发育枝颜色	Developmental branch color	C				1:灰绿 2:银灰 3:灰褐 4:褐	1:Gray green 2:Silver gray 3:Dust color 4:Brown	银灰
27	209	皮目大小	皮目大小	Lenticel size	C				1:小 2:中 3:大	1:Small 2:Intermediate 3:Big	中
28	210	皮目密度	皮目密度	Lenticel density	C				1:稀 2:中 3:密	1:Low 2:Intermediate 3:High	稀
29	211	枝条茸毛密度	枝条茸毛密度	Density of pubescence branch	C				1:稀 2:中 3:密	1:Low 2:Intermediate 3:High	稀
30	212	小叶片形状	小叶片形状	Shape of small leaf	C				1:卵圆形 2:倒卵圆形 3:椭圆形 4:矩椭圆形 5:矩圆形 6:纺锤形 7:披针形 8:阔披针形	1:Oval 2:Converse oval 3:Ellipse 4:Rectangular-oval 5:Oblong 6:Spindle 7:Lanceolate 8:Braodly-lanceolate	椭圆形
31	213	小叶数	小叶数	Small leaf numbers	N			片	1:少 2:中 3:多	1:Few 2:Intermediate 3:Many	中
32	214	复叶柄长	复叶柄长	Length of compound leaf petiole	N			cm			10.46
33	215	复叶长	复叶长	Length of compound leaf	N			cm	1:短 2:长	1:Short 2:Long	

（续）

序号	代号	描述符	字段名	字段英文名	字段类型	字段长度	字段小数位	单位	代码	代码英文名	例子
34	216	复叶长宽比	复叶长宽比	The ratio of compound leaf length and width	N				1:小 2:中 3:大	1:Small 2:Intermediate 3:Big	
35	217	复叶面积	复叶面积	The area of compound leaf	N			cm^2	1:小 2:中 3:大	1:Small 2:Intermediate 3:Big	
36	218	叶色	叶色	Leaf color	C				1:浅绿 2:黄绿 3:绿 4:浓绿	1:Light green 2:Yellowish green 3:Green 4:Deep green	
37	219	叶片含水量	叶片含水量	Leaf water content	N			%	1:低 2:中 3:高	1:Low 2:Intermediate 3:High	
38	220	叶尖形状	叶尖形状	Shape of leaf tip	C				1:急尖 2:渐尖 3:骤尖	1:Sharp-pointed 2:Taper-pointed 3:Needle-pointed	
39	221	叶缘形状	叶缘形状	Shape of leaf edgc	C				1:浅波状 2:锯齿状 3:全缘	1:Shallow-ripple 2:Zigzag 3:Entire	
40	222	混合芽形状	混合芽形状	Shape of mixed bud	C				1:梯形 2:三角形 3:长三角形	1:Trapezoid 2:Triangle 3:Length triangle	
41	223	雌花数量	雌花数量	Female flower number	N			个			
42	224	柱头颜色	柱头颜色	Stigma color	C				1:淡黄 2:黄绿 3:微红 4:鲜红	1:Light yellow 2:Yellowish-green 3:Light red 4:Bright red	
43	225	雄花序长度	雄花序长度	Length of male inflorescence	N			cm			

（续）

序号	代号	描述符	字段名	字段英文名	字段类型	字段长度	字段小数位	单位	代码	代码英文名	例子
44	226	雄花序数	雄花序数	Number of male inflores-cence	N			个			
45	227	花粉量	花粉量	Amount of pollen	N				1:少 2:中 3:多	1:Few 2:Intermediate 3:Many	
46	228	花粉育性	花粉育性	Pollen fertility	C				1:败育 2:可育	1:Abortion 2:Fertile	
47	229	结果母枝粗度	果枝粗度	Width of bearing branch	N			cm			
48	230	侧芽抽生果枝数	抽生果枝数	Bearing shoot numbers on each biennial bearing branch	N			个			
49	231	侧芽抽生果枝率	抽生果枝率	Bearing shoot rate of lateral buds on each branch	N			%			
50	232	连续结果能力	连续结果能力	Continuous nut-bearing ability	C				1:弱 2:中 3:强	1:Weak 2:Intermediate 3:Strong	
51	233	单枝结果数	单枝结果数	Number of single branch bear fruit	N				1:单果 2:单、双 3:双、三 4:三个以上	1:Single 2:Single, double 3:Double, three 4:More than three	
52	234	二次生长	二次生长	Secondary growth	C				1:无 2:有	1:No 2:Yes	
53	235	坐果率	坐果率	Rate of fruit setting	N			%			

（续）

序号	代号	描述符	字段名	字段英文名	字段类型	字段长度	字段小数位	单位	代码	代码英文名	例子
54	236	实生早果性	实生早果性	Seeding property of early fruiting	C				1:早 2:晚	1:Early 2:Late	
55	237	丰产性	丰产性	Yielding ability	N				1:低 2:中 3:高	1:Low 2:Intermediate 3:High	
56	238	萌芽期	萌芽期	Date of bud burst	D						
57	239	展叶期	展叶期	Date of leaf expanding	D						
58	240	雄花初开期	雄花初开期	First open date of male flower	D						
59	241	雄花盛开期	雄花盛开期	Full open date of male flower	D						
60	242	雌花初开期	雌花初开期	First open date of female flower	D						
61	243	雌花盛开期	雌花盛开期	Full open date of female flowers	D						
62	244	核壳硬化期	核壳硬化期	Period of husk hardening	D						
63	245	果实成熟期	果实成熟期	Date of fruit maturation	D						
64	246	果实发育期	果实发育期	Fruit development period	N			天			

（续）

序号	代号	描述符	字段名	字段英文名	字段类型	字段长度	字段小数位	单位	代码	代码英文名	例子
65	247	落叶期	落叶期	Defoliation period	D						
66	248	青果与母体易剥离程度	青果与母体易剥离程度	Degree of fruit removing from the tree	D				1:易 2:难	1:Easy 2:Hard	
67	249	青果形状	青果形状	Fruit shape	C				1:圆形 2:椭圆形 3:近椭圆形 4:卵椭圆形 5:卵圆形	1:Round 2:Ellipse 3:Approximately ellipse 4:Ovateellipse 5:Oval	
68	250	青果颜色	青果颜色	Fruit color	C				1:淡黄 2:黄绿 3:绿 4:浓绿	1:Light yellow 2:Yellowish-green 3:Green 4:Deep green	
69	251	青果长度	青果长度	Fruit length	N			cm	1:短 2:中 3:长	1:Short 2:Intermediate 3:Long	
70	252	青果宽度	青果宽度	Fruit width	N			cm	1:窄 2:宽	1:Narrow 2:Wide	
71	253	青果厚度	青果厚度	Fruit thickness	N			cm	1:薄 2:厚	1:Thin 2:Thick	
72	254	青果重量	青果重量	Fruit weight	N			g			16. 33
73	255	青果斑点	青果斑点	Fruit dot	C				1:无 2:稀 3:密	1:Absent 2:Sparse 3:Dense	
74	256	青果表面茸毛	青果表面茸毛	Pubescence of fruit surface	C				1:无 2:有	1:Absent 2:Existing	

（续）

序号	代号	描述符	字段名	字段英文名	字段类型	字段长度	字段小数位	单位	代码	代码英文名	例子
75	257	青果顶部	青果顶部	Top of the fruit	C				1:凸尖 2:微凸 3:平	1:Convex point 2:Slightly convex 3:Flat	
76	258	青皮厚度	青皮厚度	Thickness of peel	N			mm			
77	259	青皮剥离难易	青皮剥离难易	Degree of peel removing	C				1:易 2:难	1:Easy 2:Hard	
78	260	坚果形状	坚果形状	Nut shape	C				1:圆形 2:近圆形 3:椭圆形 4:长椭圆形 5:卵椭圆形 6:橄榄形 7:倒卵形 8:心形	1:Roundness 2:Approximately roundness 3:Ellipse 4:Length ellipse 5:Ovateellipse 6:Marquis 7:Obovate 8:Heart	
79	261	坚果单果重量	坚果单果重量	Per nut weight	N			g			6.46
80	262	坚果光洁度	坚果光洁度	Nut smoothness	C				1:光滑 2:粗糙	1:Smooth 2:Oarseness	
81	263	坚果颜色	坚果颜色	Nut color	C				1:棕黄 2:浅褐 3:褐 4:深褐	1:Brown yellow 2:Light brown 3:Brown 4:Black brown	
82	264	坚果顶部形状	坚果顶部形状	The shape of nut top	C				1:较尖 2:钝尖 3:平滑	1:Sharp 2:Blunt 3:Smooth	
83	265	坚果果底形状	坚果果底形状	The shape of nut base	C				1:较尖 2:钝尖 3:近圆 4:较平	1:Sharp 2:Blunt 3:Approximately roundness 4:Flat	

（续）

序号	代号	描述符	字段名	字段英文名	字段类型	字段长度	字段小数位	单位	代码	代码英文名	例子
84	266	缝合线特征	缝合线特征	Suture line character	C				1:凸出 2:微凸 3:不凸出	1:Convex 2:Micro convex 3:Not convex	
85	267	缝合线周围凹陷	缝合线周围凹陷	Suture line tightness	C				1:明显 2:轻微明显 3:不明显	1:Obvious 2:Slight apparent 3:Not obvious	
86	268	棱脊数量	棱脊数量	The number of ridge	N				1:6 条 2:7 条 3:8 条	1:Six strips 2:Seven strips 3:Eight strips	
87	269	核壳沟纹	沟纹	Rill	C				1:稀 2:中等 3:密	1:Sparse 2:Intermediate 3:Dense	
88	270	核壳沟纹深浅	沟纹	Husk concave	C				1:浅 2:深	1:Shallow 2:Deep	
89	271	核壳厚度	核壳厚度	Thickness of husk	N			mm			
90	272	内褶壁	内褶壁	Minor septum	C						
91	273	隔膜	隔膜	Major septum	C						骨质
92	274	取仁难易	取仁难易	Difficulty of taking kernel	C				1:易 2:难	1:Easy 2:Hard	
93	275	出仁率	出仁率	Shell rate	N			%			19.6%
94	276	核仁饱满度	核仁饱满度	Fullness of kernel	C				1:饱满 2:较饱满 3:干瘪	1:Full 2:Almost full 3:Shrivelled	

（续）

序号	代号	描述符	字段名	字段英文名	字段类型	字段长度	字段小数位	单位	代码	代码英文名	例子
95	277	核仁平均重	核仁平均重	Kernel weight	N			g			1.08
96	278	核仁皮色	核仁皮色	Kernel skin color	C				1:淡黄 2:黄褐 3:褐 4:深褐 5:紫红	1:Light yellow 2:Yellowish-brown 3:Brown 4:Black brown 5:Mauve	
97	301	坚果颜色均匀度	颜色均匀度	Uniformity of nut color	C				1:差 2:中 3:好	1:Poor 2:Intermediate 3:Good	
98	302	坚果均匀度	坚果均匀度	Uniformity of nut size	C				1:差 2:中 3:好	1:Poor 2:Intermediate 3:Good	
98	303	核仁脂肪含量	核仁脂肪含量	Kernel fat content	N		1	%			
100	304	核仁蛋白质含量	核仁蛋白质含量	Kernel protein content	N		1	%			
101	305	核仁风味	核仁风味	Kernel taste	C				1:差 2:中 3:好	1:Poor 2:Intermediate 3:Good	
102	401	抗旱性	抗旱性	Drought resistance	C				1:强 2:中 3:弱	1:Strong 2:Intermediate 3:Weak	
103	402	耐涝性	耐涝性	Waterlogging tolerance	C				1:强 2:中 3:弱	1:Strong 2:Intermediate 3:Weak	

（续）

序号	代号	描述符	字段名	字段英文名	字段类型	字段长度	字段小数位	单位	代码	代码英文名	例子
104	403	抗寒性	抗寒性	Cold resistance	C				1:强 2:中 3:弱	1:Strong 2:Intermediate 3:Weak	
105	404	抗晚霜能力	抗晚霜能力	Resistance to late frost	C				1:强 2:中 3:弱	1:Strong 2:Intermediate 3:Weak	
106	501	青果炭疽病抗性	炭疽病抗性	Resistance to anthracnose	C				1:高抗 2:抗 3:中抗 4:感 5:高感	1:High resistant 2:Resistant 3:Moderate resistant 4:Susceptive 5:High susceptive	
107	502	野核桃细菌性黑斑病抗性	细菌性黑斑病抗性	Resistance to bacterium blight	C				1:高抗 2:抗 3:中抗 4:感 5:高感	1:High resistant 2:Resistant 3:Moderate resistant 4:Susceptive 5:High susceptive	
108	503	白粉病抗性	白粉病抗性	Resistance to powdery mildew	C				1:高抗 2:抗 3:中抗 4:感 5:高感	1:High resistant 2:Resistant 3:Moderate resistant 4:Susceptive 5:High susceptive	
109	504	举肢蛾抗性	举肢蛾抗性	Resistance to *Atrijuglangs hetaohei* Yang	C				1:高抗 2:抗 3:中抗 4:感 5:高感	1:High resistant 2:Resistant 3:Moderate resistant 4:Susceptive 5:High susceptive	

（续）

序号	代号	描述符	字段名	字段英文名	字段类型	字段长度	字段小数位	单位	代码	代码英文名	例子
110	505	其他抗病菌特性	其他抗病菌特性	Other anti-bacteria properties	C						
111	601	指纹图谱与分子标记	分子标记	Fingerprinting and molecular marker	C						
112	602	备注	备注	Remarks	C						

野核桃种质资源数据质量控制规范

1 范围

本规范规定了野核桃种质资源数据采集过程中的质量控制内容和方法。

本规范适用于野核桃种质资源的整理、整合和共享。

2 规范性引用文件

下列文件中的条款通过本规范的引用而成为本规范的条款。凡是注日期的引用文件，其随后所有的修改单(不包括勘误的内容)或修订版均不适用于本规范，然而，鼓励根据本规范达成协议的各方研究是否可使用这些文件的最新版本。凡是不注日期的引用文件，其最新版本适用于本规范。

ISO 3166 Codes for the Representation of Names of Countries

GB/T 2659 世界各国和地区名称代码

GB/T 2260 中华人民共和国行政区划代码

GB/T 12404 单位隶属关系代码

GB/T 10466－1989 蔬菜、水果形态学和结构学术语(一)

GB/T 4407 经济作物种子

GB/T 10220－1988 感官分析方法总论

GB/T 12316－1990 感官分析方法“A”－非“A”检验

The Royal Horticultural Society's Colour Chart

GB/T 8855－1988　新鲜水果和蔬菜的取样方法

GB 2905 谷类、豆类作物种子粗蛋白质测定方法

GB 2906 谷类、豆类作物种子粗脂肪测定方法

3 数据质量控制的基本方法

3.1 试验设计

野核桃属于野生种，目前并没有栽培品种，所以将该实验设计为野外调查类。按野核桃种质资源的生长发育周期，满足野核桃种质资源正常生长及其性状正常表达，确定好时间、地点和内容，保证所需数据的真实性、可靠性。

3.1.1 试验地点

所选实验地点应是野核桃的自然分布区，植株量要大，满足试验的可重复性，同时，试验地点的环境条件应能够满足野核桃植株的正常生长及其性状的正常表达。

3.1.2 田间设计

一般选择 10 年生的结果树，每份种质重复 3 次。

形态特征和生物学特性观测试验应设置对照品种，试验地周围应设保护行或保护区。

3.1.3 栽培管理

试验地的栽培管理要与大田基本相同，采用相同的水肥管理，及时防治病虫害，保证植株正常生长。

3.2 数据采集

形态特征和生物学特性观测试验原始数据的采集应在种质正常生长情况下获得。如遇自然灾害等因素严重影响植株正常生长时，应重新进行观测试验和数据采集。

3.3 试验数据的统计分析和校验

每份种质的形态特征和生物学特性观测数据，依据对照品种进行校验。根据 2 ~3 年的重复观测值，计算每份种质性状的平均值、变异系数和标准差，并进行方差分析，判断试验结果的稳定性和可靠性。取观测值的平均值作为该种质的性状值。

4 基本信息

4.1 全国统一编号

全国统一编号是由"YHTI"加4位顺序号组成的8位字符串，如"YHTI0001"。其中"YHT"代表野核桃种质资源，"I"代表国家野核桃种质圃，后4位为顺序码，从"0001"到"9999"，代表具体野核桃种质的编号。全国统一编号具有惟一性。

4.2 种质圃编号

种质圃编号系指野核桃种质进入国家种质资源圃时，由本圃编写的号码，用阿拉伯数字编码，如"72""102"。每份种质具有唯一的种质圃编号。

4.3 采集号

在野外采集野核桃种质时赋予的编号，一般由年份加2位省份代码加4位顺序号组成。

4.4 种质名称

国内种质的原始名称，如果有多个名称，可放在英文括号内，用英文逗号分隔，如"种质名称1(种质名称2，种质名称3)"。

4.5 科名

科名由拉丁文名加英文括号内的中文名组成，如"Juglandaceae(胡桃科)"。如无中文名，则直接填写拉丁名。

4.6 属名

属名由拉丁文名加英文括号内的中文名组成，拉丁文用斜体。如"*Juglans*(胡桃属)"。如无中文名，则直接填写拉丁文名。

4.7 学名

学名由拉丁文名加英文括号内的中文名组成，拉丁文用斜体。如"*Juglans regia* Dode(野核桃)"。如无中文名，则直接填写拉丁文名。

4.8 原产国

野核桃种质原产国家名称。国家名称参照 ISO 3166 和 GB/T 2659 的规定填写。

4.9 原产省

国内野核桃种质原产省份名称。省份名称参照 GB/T 2260 的规定填写。

4.10 原产地

国内野核桃种质的原产县、乡、村名称。县名参照 GB/T 2260。

4.11 海拔

野核桃种质原产地的海拔高度。单位为 m。

4.12 经度

野核桃种质原产地的经度，单位为(°)和(′)。格式为 DDDFF，其中 DDD 为度，FF 为分。东经为正值，例如，“12125”代表东经 121°25′。

4.13 纬度

野核桃种质原产地的纬度，单位为(°)和(′)。格式为 DDFF，其中 DD 为度，FF 为分。北纬为正值，例如，“3208”代表北纬 32°8′。

4.14 来源地

国内野核桃种质的来源省份、县名称。国家、地区名称同省和县名称参照 GB/T 2260。

4.15 系谱

野核桃在不同分布区之间的亲缘关系。

4.16 种质类型

保存的野核桃种质类型，分为：

1 野生资源
2 遗传材料
3 其他

4. 17 图像

野核桃种质的图像文件名，图像格式为 . jpg。图像文件名由统一编号加半连号“ - ”加序号加“. jpg”组成。如有两个以上图像文件，图像文件名用英文分号分隔，如“YHTI0001 - 1. jpg；YHTI0001 - 2. jpg”。图像对象主要包括植株、花、果实、特异性状等。图像要清晰，对象要突出。

4. 18 观测地点

野核桃种质形态特征和生物学特性观测地点的名称，记录到省(自治区、直辖市)和县名，如“山东泰安”。

5 形态特征和生物学特性

5. 1 树体高矮

选取 30 株成龄结果树(随机抽取，常规栽培管理，下同)，用标杆或测高器测量树高，求其平均值。单位为 m，精确到 0. 1m。

根据平均树高和参照树体高矮模式图及下列标准，确定种质树体的高矮。

1 矮小(树体高度 < 8. 0m)

2 中等(8. 0m≤树体高度 < 16. 0m)

3 高大(树体高度≥16. 0m)

5. 2 树姿

选取成龄结果树，采用目测的方法，观测野核桃植株的树姿。

根据观察结果和参照树姿模式图及下列说明，确定种质的树姿。

1 直立(多数骨干枝向斜上直伸，下部主枝分枝角度小于 60°)

2 半开张(多数骨干枝向上斜伸，下部主枝分枝角度为 60° ~ 70°)

3 开张(多数骨干枝水平伸展的甚多，下部主枝分枝角度大于 70°)

5. 3 树冠形状

选取成龄结果树，采用目测的方法，观测野核桃植株的树冠形状。

根据观察结果和参照树冠形状模式图及下列说明，确定种质的树冠形状。

1 圆球形

2 半圆形

3 圆锥形

5.4 枝下高

选取成龄树或结果树，随即测量野核桃成龄树野生状态下的枝下高度，采用米尺测量法，测量 30 个发育枝的长度。

根据平均枝下高和下列标准，确定枝下高的高矮。

1 低(枝下高 <1.5m)

2 中(1.5m≤枝下高 <3.0m)

3 高(枝下高≥3.0m)

5.5 1 年生枝长度

1 年生枝是由上年叶芽萌发生长的枝。

在休眠期测定，选择成龄树树冠外围，生长正常的 1 年生枝，采用米尺测量法，测量 30 个 1 年生枝的长度，并求其平均值。测量单位为 cm，精确到 0.1cm。

5.6 1 年生枝基径

1 年生枝是由上年叶芽萌发生长的枝。

在休眠期测定，选择成龄树树冠外围，生长正常的 1 年生枝，采用米尺测量法，测量 30 个 1 年生枝基径，并求其平均值。测量单位为 cm，精确到 0.1cm。

5.7 1 年生枝节间长度

在休眠期测定，选择成龄树树冠外围，生长正常的 1 年生枝，采用米尺测量法，测量 30 个 1 年生枝的长度，数出 30 个枝条上的节数，用总长度除以总节数，得到 1 年生枝节间长度的平均值。测量单位为 cm，精确到 0.1cm。

5.8 发育枝颜色

测定时选择成龄结果树树冠外围，生长正常，由顶芽抽生的 1 年生结果母枝进行目测。

根据观察结果，与 The Royal Horticultural Society's Colour Chart 标准色卡上相应代码的颜色进行比对，按照最大相似原则，确定种质的枝干颜色。

1 灰绿

2 银灰

3 灰褐

4 褐

5.9 皮目大小

测定时选择成龄结果树的外围发育枝，生长正常，由顶芽抽生的1年生发育枝，用游标卡尺测量30个皮目的直径，求平均值。单位为mm，精确到0.1mm。

根据皮目直径平均值及下列标准，确定种质的皮目大小。

1 小(直径平均值<0.7mm)

2 中(0.7mm≤直径平均值<1.2mm)

3 大(直径平均值≥1.2mm)

5.10 皮目密度

测定时选择成龄结果树外围的正常发育枝，采用目测法观察枝条表面的皮目稀疏。

根据观察结果和参照皮目密度模式图，确定种质的皮目密度。

1 稀

2 中

3 密

5.11 枝条茸毛密度

测定时选择成龄结果树外围正常的1年生发育枝，采用目测法观察有茸毛种质的枝条表面的茸毛多寡，确定种质枝条上茸毛的密度分3级。

1 稀(枝条上有少许茸毛，不是很明显)

2 中(枝条上有一些茸毛，量不是很多)

3 密(枝条上有大量茸毛，非常明显)

5.12 小叶片形状

以成龄结果树树冠外围正常发育枝中段羽状复叶中部的小叶片为观测对象，采用目测法观察完整小叶片的形状。

根据观察结果和参照小叶片形状模式图，确定种质的小叶片形状。

1 卵圆形

2 倒卵圆形

3 椭圆形

4 矩椭圆形

5 矩圆形

6 纺锤形

7 披针形

8 阔披针形

5.13 小叶数

以成龄结果树树冠外围正常发育枝中部的奇数羽状复叶为观测对象，共观测 30 个羽状复叶，数出每个复叶上的小叶片数，并求其平均值。单位为枚。

根据小叶数的平均值及下列标准，确定种质的小叶片数量。

1 少(小叶数量平均值 <9 枚)

2 中(9 枚≤小叶数量平均值 <17 枚)

3 多(小叶数量平均值≥17 枚)

5.14 复叶柄长

以成龄结果树树冠外围正常发育枝中部的羽状复叶为测量对象，共测量 30 个奇数羽状复叶的叶柄长，并求其平均值。单位为 cm。

5.15 复叶长

以成龄结果树树冠外围正常发育枝中部的奇数羽状复叶为测量对象，共测量 30 个奇数羽状复叶的叶片长，并求出所测叶片长的平均值。单位为 cm。

根据叶片平均值和下列标准，将叶片长短分为两类：

1 短(复叶长 <55.0cm)

2 长(复叶长≥55.0cm)

5.16 复叶长宽比

以成龄结果树树冠外围正常发育枝中部的羽状复叶为测量对象，共测量 30 个奇数羽状复叶的叶片长和叶片宽，求比值。

根据复叶长宽比的比值和下列标准，将叶片的复叶长宽比分为三类：

1 小(复叶长宽比 <1.8)

2 中(1.8≤复叶长宽比 <2.0)

3 大(复叶长宽比≥2.0)

5.17 复叶面积

以成龄结果树树冠外围正常发育枝中部的奇数羽状复叶为测量对象，用叶面积仪测量30个羽状复叶的叶片的叶面积。单位为cm^2。

1 小(复叶面积<600.0cm^2)

2 中(600.0cm^2≤复叶面积<750.0cm^2)

3 大(复叶面积≥750.0cm^2)

5.18 叶色

以成龄结果树树冠外围正常发育枝中部的奇数羽状复叶为观测对象，共观测30个羽状复叶，在一致的光照条件下，采用目测法观察叶片的颜色。

根据观察结果，与The Royal Horticultural Society's Colour Chart标准色卡上相应代码的颜色进行比对，按照最大相似原则，确定种质的叶片颜色。

1 浅绿

2 黄绿

3 绿

4 浓绿

5.19 叶片含水量

以成龄结果树树冠外围正常发育枝中部的奇数羽状复叶为测量对象，共观测30个奇数羽状复叶的叶片含水量。以%表示。

含水量=(叶片鲜重-叶片干重)/叶片鲜重×100%

1 低(叶片含水量<60%)

2 中(60%≤叶片含水量<65%)

3 高(叶片含水量≥65%)

5.20 叶尖形状

以成龄结果树树冠外围正常发育枝中段羽状复叶上的中部小叶片为观测对象，采用目测法观察完整小叶片叶尖的形状。

根据观察结果和参照小叶片叶尖形状模式图，确定种质的叶尖形状。

1 急尖

2 渐尖

3 骤尖

5.21 叶缘形状

取成龄结果树树冠外围正常发育枝中部羽状复叶中部小叶片为观测对象，采用目测法观察小叶片边缘特征。

根据观察结果和参照叶缘形状模式图，确定种质叶缘形状的特征。

1 浅波状

2 细锯齿状

3 全缘

5.22 混合芽形状

在休眠期观测，选择成龄树树冠外围的结果母枝，用目测法观察其枝条上端或顶端的混合芽形态。

根据观察结果和参照混合芽模式图，确定种质混合芽的形状。

1 梯形

2 三角形

3 长三角形

5.23 雌花数量

在盛花期，调查成龄树树冠外围的30个结果新梢，统计每个结果新梢上的雌花数，求其平均值。单位为个，精确到0.1个。

5.24 柱头颜色

于盛花期，在正常一致的光照条件下，采用目测法观察柱头的颜色。

根据观察结果，与标准色卡上相应代码的颜色进行比对，确定种质的柱头颜色。

1 淡黄

2 黄绿

3 微红

4 鲜红

5.25 雄花序长度

在雄花盛花期，于树冠周围四个方位，东、西、南、北各测量5个雄花序的长度，从花序基部量至顶端，全树共测量30个，求出每个雄花序的平均长度。单位为cm，精确到0.1cm。

5.26 雄花序数

在盛花期，选择成龄树，于树冠周围四个方位，东、西、南、北各调查5个结果枝上的雄花序数，全树共调查30个结果母枝，求每结果母枝上雄花序数的平均值。单位为个，精确到0.1个。

5.27 花粉量

在盛花期，在不同地区每株随机取30个雄花序，带回室内置于硫酸纸上，在20℃左右下晾干，让其自然散粉。干后收集花粉，采用目测法将这些不同地区采集的花粉量放一起做对比，确定种质的花粉量。

1 少（花粉粒数/花药 $<5.8\times10^4$）

2 中（$5.8\times10^4\leq$ 花粉粒数/花药 $<7.0\times10^4$）

3 多（花粉粒数/花药 $\geq7.0\times10^4$）

5.28 花粉育性

根据败育和可育野核桃花粉的形态特征及碘—碘化钾的染色表现，将野核桃花粉分为碘败、圆败、染败和正常4种。碘败花粉粒形态不规则，透明而不染色；圆败花粉粒圆形，透明，不染色；染败花粉圆形，不透明或部分透明，仅轻微染色；正常花粉粒为圆形，不透明，能染成棕黑色。镜检时，将花粉置于载玻片上，滴1滴碘化钾染色液，然后在100倍显微镜下观察，每个样本观察3个视野，统计其各类花粉粒的数量。制备花粉时要从雄花序的上、中、下3段取花药，用散出的混合花粉做样本进行观察。

1 败育（非正常花粉）

2 可育（正常花粉）

5.29 结果母枝粗度

在采果后至休眠期测定，于成龄树树冠外围，东、西、南、北各测量5个结果母枝的粗度，全树共测量30个。测量时用游标卡尺，以第1个叶痕以上的节间中部直径为准，并求其平均值。单位为cm，精确到0.1cm。

5.30 侧芽抽生果枝数

测定时随机取30条外围结果母枝为观测对象，在盛花期，统计每条结果母枝上抽生的结果枝个数。求其平均值，单位为个，精确到0.1个。

5.31 侧芽抽生果枝率

在休眠期观测，选择成龄树树冠外围的正常结果母枝，统计其全部侧芽数和混合芽数，共调查30个结果母枝，计算出每个结果母枝上混合芽占侧芽总数的比例，求其平均值。以%表示。

5.32 连续结果能力

从当年的结果枝开始，往前调查 3 年，看结果枝形成结果母枝的情况，若结果后还能形成结果母枝，即为连续结果。根据连续结果的年数及下列说明，确定种质的连续结果能力。

1 弱(连续结果 2 年)
2 中(连续结果 3 年)
3 强(连续结果超过 3 年)

5.33 单枝结果数

在坚果成熟前，选择成龄树，于树冠外围调查 30 个结果枝的坐果情况。根据每花序的结果数，确定种质的单枝结果习性。

1 单果(每个结果枝上只着生 1 个青果)
2 单、双(每个结果枝上同时着生 1 个和 2 个青果)
3 双、三(每个结果枝上同时着生 2 个和 3 个青果)
4 三个以上(每个结果枝上着生 3 个以上青果)

5.34 二次生长

在秋季，选择成龄树，于树冠外围调查 30 个枝条，用目测法观察野核桃成龄树春梢封顶后，由顶部芽抽生副梢的特性。

1 无
2 有

5.35 坐果率

在开花期和青果坐果后至坚果成熟前调查，选择成龄树，于树冠外围调查 30 个结果枝上的青果数和雌花总数，按下列公式计算坐果率。以% 表示，精确到 0. 1% 。

$$P(\%) = \frac{n}{N} \times 100$$

式中：P——坐果率；
n——青果数；
N——雌花总数。

5.36 实生早果性

取 30 粒野核桃种子将其播种于苗圃，成苗 2 ~4 年对实生苗进行雌花形成调查。

根据雌花形成情况及下列说明，确定种质的早实性。

1　早(实生苗 1～4 年结果)

2　晚(实生苗 5 年以上才结果)

5.37　丰产性

随机选择 3 株生长正常的成龄树，用米尺测量每株树的东西和南北冠径(分别以 a、b 表示，单位为 m，精确到 0.1m)，单株采收，经干燥处理后，坚果称重(以 W 表示，单位为 g，精确到 0.1g)，计算每平方米树冠投影面积的产坚果量，单位为 g/m^2，精确到 $0.1g/m^2$。求平均值。

$$\text{单位树冠投影面积的产量} = W/\{\pi \times [(a+b)/4]^2\}$$

根据每平方米树冠投影面积的产量及下列说明，确定种质的丰产性。

1　低(每平方米树冠投影面积的坚果重 <30.0g)

2　中(30.0g≤每平方米树冠投影面积的坚果重为 <50.0g)

3　高(每平方米树冠投影面积的坚果重高于≥50.0g)

5.38　萌芽期

在春季萌芽前选择有代表性的成龄树为观测对象并挂牌，每天目测发育枝和结果枝顶芽鳞片的开裂情况，以 5% 的芽尖露绿并显露出幼叶时，即为萌芽期。以“年月日”表示，格式为“YYYYMMDD”。

5.39　展叶期

萌芽前选择有代表性的成龄树作为观察对象，每天调查并记录嫩梢上的幼叶生长情况，当有 5% 的第 1 片幼叶展开时，即为展叶期。以“年月日”表示，格式为“YYYYMMDD”。

5.40　雄花初开期

选择有代表性的成龄树，标定 30 个结果母枝并挂牌，每天观察记录结果母枝上的雄花序基部小花开始分离、萼片刚刚开裂，显出花粉。待基部小花开始散粉向前略有延伸时，即为雄花初开期。以“年月日”表示，格式为“YYYYMMDD”。

5.41　雄花盛开期

选择有代表性的成龄树，标定 30 个结果母枝并挂牌，每天观察记录结果母枝上的雄花序基部小花开始分离、萼片开裂，显出花粉。待基部小花开始散粉向前延伸，其长度达到花序长度的50%时，即为雄花盛开期。以“年月日”表示，格式为“YYYYMMDD”。

5.42 雌花初开期

在春季混合芽萌发后抽生结果枝，在结果枝顶端雌花显现后，选择有代表性的成龄树，标定30个结果枝并挂牌，每天观察并记录其上混合芽抽生的果枝情况，当5%的柱头分杈成30°～45°角时，即雌花初开期。以“年月日”表示，格式为“YYYYMMDD”。

5.43 雌花盛开期

在春季混合芽萌发后抽生结果枝，在结果枝顶端雌花显现后，选择有代表性的成龄树，标定30个结果枝并挂牌，每天观察并记录其上混合芽抽生的果枝情况，当50%的柱头分杈成30°～45°角时，即雌花盛开期。以“年月日”表示，格式为“YYYYMMDD”。

5.44 核壳硬化期

从盛花后第4周开始，每2天调查1次，每次选生长正常的幼果3个，用刀片横切青果皮后，观察刀片对坚果果皮未被触破的日期，即为核壳硬化期。以“年月日”表示，格式为“YYYYMMDD”。

5.45 果实成熟期

植株上有30%的青果皮颜色变黄或略有开裂，坚果发育达到固有形状、质地、风味，营养物质含量达到采收成熟度时，即为果实成熟期。以“年月日”表示，格式为“YYYYMMDD”。

5.46 果实发育期

从盛花期开始，到果实成熟期，计算果实发育所经历的天数。单位为天。

5.47 落叶期

植株上有75%的叶片绿色减退、色泽变黄、脱落时，即为落叶期。以“年月日”表示，格式为“YYYYMMDD”。

5.48 青果与母体易剥离程度

选择成龄树树冠外围生长正常的青果，观察树下有没有掉落的青果以及树上的青果是否容易摘下。

青果发育成熟时，青果与母体的易剥离程度。

1 易

2 难

5.49 青果形状

选择成龄树树冠外围生长正常的青果，用目测法观察青果形状。

根据观察结果和参照青果形状模式图，确定种质青果的形状。

1 圆形

2 椭圆形

3 近椭圆形

4 卵椭圆形

5 卵圆形

5.50 青果颜色

选择成龄树树冠外围生长正常的青果，用目测法观察青果颜色。

根据观察结果，与 The Royal Horticultural Society's Colour Chart 标准色卡上相应代码的颜色进行比对，按照最大相似原则，确定青果色泽。

1 淡黄

2 黄绿

3 绿

4 浓绿

5.51 青果长度

选择成龄树树冠外围生长正常的青果，随机取青果 30 个，青果成熟后期，测量平行坚果缝合线方向的长度，精确到 0.1cm，求出平均值。单位为 cm。

根据所测平均值和下列标准将青果长度分为三类。

1 短(青果长度 <4.0cm)

2 中(4.0cm≤青果长度 <4.5cm)

3 长(青果长度≥4.5cm)

5.52 青果宽度

选择成龄树树冠外围生长正常的青果，随机取青果 30 个，青果成熟后期，测量垂直坚果缝合线方向(过缝合线)的长度，精确到 0.1cm，求出平均值。单位为 cm。

根据所测平均值和下列标准将青果宽度分为两类。

1 窄(青果宽度 <3.2cm)

2 宽(青果宽度≥3.2cm)

5.53 青果厚度

选择成龄树树冠外围生长正常的青果，随机取青果 30 个，青果成熟后期，测量垂直坚果缝合线方向(不过缝合线)的长度，精确到 0.1cm，求出平均值。单位为 cm。

根据所测平均值和下列标准将青果厚度分为两类。

1 薄(青果厚度 <3cm)

2 厚(青果厚度≥3cm)

5.54 青果重量

选择成龄树树冠外围生长正常的青果，随机取青果 30 个，青果成熟后期，测量完整果实(青果)的平均单个果实的重量。单位为 g。

5.55 青果斑点

选择成龄树树冠外围生长正常的青果，随机取青果 30 个，青果成熟后期，表皮(青皮)上的斑点多少。

1 无(成熟青果表皮颜色均一，无斑点)

2 稀(青果表皮有斑点，但是表皮颜色仍以绿色为主)

3 密(青果表皮有大量斑点，能够看表皮呈现一定的褐色)

5.56 青果表面茸毛

选择成龄树树冠外围，生长正常的青果，用目测法观察青果表皮上有无茸毛。

根据观察结果，确定种质的表皮上(青皮)有无茸毛。

1 无

2 有

5.57 青果顶部

选择成龄树树冠外围，生长正常的青果，用目测法观察青果顶部的外部形态。

1　凸尖

2　微凸

3　平

5.58　青皮厚度

选择成龄树树冠外围生长正常的青果30个，用刀片剥取青皮，用游标卡尺测量青皮的中部厚度，并求其平均值。单位为mm，精确到0.1mm。

5.59　青皮剥离难易

选择成龄树，从树冠外围取生长正常的成熟青果，用手捏、刀片剥离等方法剥除青皮。

根据剥除青皮的难易程度，参照下列说明，确定种质的青皮剥离难易度。

1　易(双手用力捏青果或用刀片剥离，青皮容易开裂，并与坚果分离，取出坚果后，坚果表面光滑美观)

2　难(双手用力捏青果或用刀片剥离，青皮与坚果紧密黏连，青皮破坏、不完整，坚果表面粘有厚薄不均的青皮)

5.60　坚果形状

在成熟期采收正常成熟的青果，用3000~5000mg/L的乙烯利溶液浸泡半分钟，泡后将其按50cm左右的厚度堆积起来。在大约30℃、湿度80%~90%条件下，经3~5天脱除青皮；取出坚果，用毛刷洗净，在阴凉通风处晾晒干。然后用目测法观察坚果的形状。

根据观察结果和参照坚果形状模式图，确定种质坚果的形状。

1　圆形

2　近圆形

3　椭圆形

4　长椭圆形

5　卵椭圆形

6　橄榄形

7　倒卵形

8　心形

5.61　坚果单果重量

随机取30个经干燥处理的坚果，用天平称重，计算坚果平均重。单位为

g，精确到0.1g。

5.62 坚果光洁度

随机取30个坚果，用目测法观察坚果外皮的光滑、整洁情况。

根据观察结果，参照下列说明，确定种质的坚果光洁度。

1 光滑（坚果表面光滑、美观，无褐变青皮残留，沟纹内无黑色污点）

2 粗糙（坚果表面粗糙、不美观，略有褐变青皮残留，沟纹内黑色污点较多）

5.63 坚果颜色

随机取30个坚果，用目测法观察坚果外皮的颜色。

根据观察结果，与The Royal Horticultural Society's Colour Chart标准色卡上相应代码的颜色进行比对，按照最大相似原则，确定种质坚果的颜色。

1 棕黄
2 浅褐
3 褐
4 深褐

5.64 坚果顶部形状

取30个坚果，用目测法观察坚果顶部的形状。

根据观察结果和参照果顶模式图，确定种质的果顶形状。

1 较尖
2 钝尖
3 平滑

5.65 坚果果底形状

随机取30个坚果，用目测法观察坚果的底部的形状。

根据观察结果和参照果底形状模式图，确定种质的果底形状。

1 较尖
2 钝尖
3 近圆
4 较平

5.66 缝合线特征

随机取30个坚果，用目测法观察坚果缝合线的特征。

根据观察结果和参照缝合线特征模式图，确定种质的缝合线特征。

1 凸出(缝合线明显的要比其他棱脊高，非常容易辨识)

2 微凸(缝合线不是特别突出，不过也可以辨识)

3 不凸出(缝合线比较平滑)

5.67 缝合线周围凹陷

随机取30个坚果，用目测法观察坚果缝合线周围的凹陷情况。

1 明显(缝合线周围有明显凸起和凹陷，深且多)

2 轻微凹陷(缝合线周围有轻微凹陷)

3 不明显(缝合线周围没有明显凹陷)

5.68 棱脊

随机取30个坚果，观察成熟坚果棱脊的数量是多少。

1 6条

2 7条

3 8条

5.69 核壳沟纹

随机取30个坚果，用目测法观察坚果表面上沟纹的特征。

根据观察结果及下列说明，确定种质坚果沟纹特征。

1 稀(沟纹网络稀疏，不明显)

2 中等(沟纹网络一般，明显)

3 密(沟纹网络密布，很明显)

5.70 核壳沟纹深浅

随机取30个完全成熟的坚果，用目测法观察坚果表面上沟纹的特征。

据观察结果及下列说明，确定坚果表面沟纹的深浅。

1 浅(刻窝浅，主要集中在缝合线两侧，不明显)

2 深(刻窝很深，每条棱脊两侧都有明显的刺状凸起和凹陷，缝合线两侧更加明显)

5.71 核壳厚度

随机取 30 个坚果，用小锤敲击坚果，剥出核仁，用游标卡尺测量核壳两缝合线中间的厚度，并求其平均值。单位为 mm，精确到 0.1mm。

5.72 内褶壁

随机取 30 个坚果，用小锤敲击坚果，剥除核壳，用目测法观察核壳内褶壁的特征。根据观察结果可以确定种质内褶壁的为骨质，内褶壁不发达，厚而坚硬，取仁困难。

5.73 隔膜

随机取 30 个坚果，用小锤敲击坚果，剥除核壳，用目测法观察核仁间隔膜的特征。根据观察结果确定种质的隔膜为骨质，已于核壳长为一体，可取 1/4 的核仁，不能取整仁。

5.74 取仁难易

随机取 30 个坚果，用小锤敲击坚果，用手剥除核壳，根据观察和手指剥除核壳的难易程度，参照下列说明，确定种质取出坚果核仁的难易程度。

1　易(核壳厚，用手不易捏开野核桃，内褶壁、隔膜较发达，能取出整仁或者可以取出半仁)

2　难(核壳较厚，用手不能捏开核壳，内褶壁、隔膜发达，不能取出整仁)

5.75 出仁率

随机取 30 个坚果，用天平称重。单位为 g，精确到 0.1g。然后用小锤敲击坚果，取出核仁，用天平称量核仁重。单位为 g，精确到 0.1g。

按下列公式求出仁率。以% 表示，精确到 0.1% 。

$$P(\%) = \frac{n}{N} \times 100$$

式中：P——出仁率；

n——核仁重；

N——坚果重。

5.76 核仁饱满度

随机取 30 个坚果，用小锤敲击坚果，用目测法观察坚果核仁的饱满程度。

根据观察结果和核仁饱满度模式图及下列说明，确定种质的核仁饱满度。

1 饱满(核仁肉厚，饱满，光亮美观)

2 较饱满(核仁肉较厚，较饱满)

3 干瘪(核仁肉皱缩，甚至干瘪，无商品及食用价值)

5.77 核仁平均重

随机取30个坚果，用小锤敲击坚果，取出核仁，并将核仁间纵隔去除，用天平称核仁重，求出每个核仁的平均重。单位为g，精确到0.1g。

5.78 核仁皮色

随机取30个坚果，用小锤敲击坚果，剥除核壳，用目测法观察核仁表皮的颜色。

根据观察结果，与 The Royal Horticultural Society's Colour Chart 标准色卡上相应代码的颜色进行比对，按照最大相似原则，确定种质的核仁皮色。

1 淡黄

2 黄褐

3 褐

4 深褐

5 紫红

6 品质特性

6.1 坚果颜色均匀度

随机取30个坚果。用目测法观察坚果外皮颜色的均匀程度。

根据观察结果和下列说明，确定种质坚果的颜色均匀度。

1 差(坚果颜色彼此相差悬殊，很不一致)

2 中(介于好与差之间)

3 好(坚果颜色相差不多，均匀一致)

6.2 坚果均匀度

随机取30个坚果。用天平称取每个坚果的重量。

根据称量结果及下列说明，确定种质的坚果均匀度。

1 差(坚果大小差别明显，重量相差悬殊，很不一致)

2 中(介于好与差之间)

3 好(坚果大小基本一致，重量相差不多，均匀一致)

6.3 核仁脂肪含量

随机取30个坚果。剥除核壳，剥出核仁。参照GB 2906 谷类、豆类作物种子粗脂肪测定方法及时测量。以%表示，精确至0.1%。

6.4 核仁蛋白质含量

参照GB 2905 谷类、豆类作物种子粗蛋白质测定方法(半微量凯氏法)测定。以%表示，精确至0.1%。

6.5 核仁风味

随机取30个坚果。按照GB/T 10220－1988 感官分析方法总论中的有关部分，选择品尝员、采取样品，准备进行感官评价，并控制感观评价的误差。

参照GB/T 12316－1990 感官分析方法“A”—非“A”检验方法，请10～15名品尝员对每一份种质的样品进行评价，参照下面3类口味的描述进行相互比较，确定种质的坚果核仁风味。

1 差(核仁皱缩、硬，口感涩，有怪味)

2 中(核仁不皱缩，口感稍涩，吞咽时口内有芳香气味)

3 好(核仁饱满、酥软，口感顺滑，吞咽时口内有浓郁的芳香气味)

7 抗逆性

7.1 抗旱性

抗旱性鉴定采用断水法(参考方法)。

取30株1年生实生苗，无性系种质间的抗旱性比较试验要用同一类型砧木的嫁接苗。将小苗栽植于容器中，同时耐旱性强、中、弱各设对照。待幼苗长至30cm左右时，人为断水，待耐旱性强的对照品种出现中午萎蔫、早晚舒展时，恢复正常管理。并对试材进行受害程度调查，确定每株试材的受害级别，根据受害级别计算受害指数，再根据受害指数的大小评价野核桃种质的抗旱能力。根据旱害症状将旱害级别分为6级。

级别　旱害症状

0级　无旱害症状

1 级　叶片萎蔫 <25%

2 级　25% ≤叶片萎蔫 <50%

3 级　50% ≤叶片萎蔫 <75%

4 级　叶片萎蔫≥75%，部分叶片脱落

5 级　植株叶片全部脱落

根据旱害级别计算旱害指数，计算公式为：

$$DI = \frac{\sum (x \cdot n)}{X \cdot N} \times 100$$

式中：DI——旱害指数；

x——旱害级数；

n——受害株数；

X——最高旱害级数；

N——受旱害的总株数。

根据旱害指数及下列标准确定种质的抗旱能力。

1　强(旱害指数 <35.0)

2　中(35.0≤旱害指数 <65.0)

3　弱(旱害指数≥65.0)

7.2　耐涝性

耐涝性鉴定采用水淹法(参考方法)。

春季将层积好的供试种子播种在容器内，每份种质播 30 粒，播后进行正常管理；测定无性系种质的耐涝性，要采用同一类型砧木的嫁接苗。耐涝性强、中、弱的种质各设对照。待幼苗长至 30cm 左右时，往水泥池内灌水，使试材始终保持水淹状态。待耐涝性中等的对照品种出现涝害时，恢复正常管理。对试材进行受害程度调查，分别记录某种质每株试材的受害级别，根据受害级别计算受害指数，再根据受害指数大小评价各种质的耐涝能力。根据涝害症状将涝害分为 6 级。

级别　涝害症状

0 级　无涝害症状，与对照无明显差异

1 级　叶片受害 <25%，少数叶片的叶缘出现棕色

2 级　25% ≤叶片受害 <50%，多数叶片的叶缘出现棕色

3 级　50% ≤叶片受害 <75%，叶片出现萎蔫或枯死 <30%

4 级　叶片受害≥75%，30% ≤枯死叶片 <50%

5 级　部叶片受害，枯死叶片≥50%

根据涝害级别计算涝害指数，计算公式为：

$$WI = \frac{\sum (x \cdot n)}{X \cdot N} \times 100$$

式中：WI——涝害指数；

x——涝害级数；

n——各级涝害株数；

X——最高涝害级数；

N——总株数。

根据涝害指数及下列标准，确定种质的耐涝程度。

1　强(涝害指数<35.0)

2　中(35.0≤涝害指数<65.0)

3　弱(涝害指数≥65.0)

7.3　抗寒性

抗寒性鉴定采用人工冷冻法(参考方法)。

在深休眠的1月份，从某种质成龄结果树上剪取中庸的结果母枝30条，剪口蜡封后置于-25℃冰箱中处理24h，然后取出，将枝条横切，对切口进行受害程度调查，记录枝条的受害级别。根据受害级别计算某种质的受害指数，再根据受害指数大小评价某种质的抗寒能力。抗寒级别根据寒害症状分为6级。

级别　寒害症状

0 级　无冻害症状，与对照无明显差异

1 级　枝条木质部变褐部分<30%

2 级　30%≤枝条木质部变褐部分<50%

3 级　50%≤枝条木质部变褐部分<70%

4 级　70%≤枝条木质部变褐部分<90%

5 级　枝条基本全部冻死

根据寒害级别计算冻害指数，计算公式为：

$$CI = \frac{\sum (x \cdot n)}{X \cdot N} \times 100$$

式中：CI——冻害指数；

x——受冻级数；

n——各级受冻枝数；

X——最高级数；

N——总枝条数。

根据冻害指数及下列标准确定某种质的抗寒能力。

1　强（寒害指数 <35.0）

2　中（35.0≤寒害指数 <65.0）

3　弱（寒害指数≥65.0）

7.4　抗晚霜能力

抗晚霜能力鉴定采用人工制冷法（参考方法）。

春季芽萌出后，从成龄结果树上剪取中庸的结果母枝 30 条，剪口蜡封后置于 -5 ~ -2℃冰箱中处理 6h，取出放入 10 ~20℃室内保湿，24h 后调查其受害程度，调查每份种质的每一枝条上萌动花芽或新梢的受害级别，根据受害级别计算各种质的受害指数，再根据受害指数的大小评价各种质的抗晚霜能力。抗晚霜能力的级别根据花芽受冻症状分为 6 级。

级别　受害症状

0 级　无受害症状，与对照对比无明显差异

1 级　花芽或新梢颜色变褐部分 <30%

2 级　30% ≤花芽或新梢颜色变褐部分 <50%

3 级　50% ≤花芽或新梢颜色变为深褐部分 <70%

4 级　70% ≤花芽或新梢颜色变为深褐色部分 <90%

5 级　花芽或新梢全部受冻害，枝条枯死

根据母枝受冻症状级别计算受冻指数，计算公式为：

$$CI = \frac{\sum (x \cdot n)}{X \cdot N} \times 100$$

式中：CI——受冻指数；

x——受冻级数；

n——各级受冻枝数；

X——最高受冻级数；

N——总枝条数。

种质抗晚霜能力根据受冻指数及下列标准确定。

1　强（受冻指数 <35.0）

2　中（35.0≤受冻指数 <65.0）

3　弱（受冻指数≥65.0）

8 抗病虫性

8.1 青果炭疽病抗性

抗病性鉴定采用田间调查法(参考方法)。

每种质随机取样3~5株，记载每株树的果实发病情况，并记载有病斑果实的个数、群体类型、立地条件、栽培管理水平和病害发生情况等。根据症状病情分为6级。

级别　病情

0级　无病症

1级　青果皮上出现圆形或近圆形的褐色至黑褐色病斑，中央下陷，病部有黑色小点产生，在黑点处涌出黏性粉红色孢子团，病斑数1~5个

2级　病斑5~10个，青果外皮变黑但未脱落，坚果尚未受害

3级　病斑11~20个，青果外皮变黑开始腐烂，但未脱落，坚果受轻微侵害

4级　病斑21~30个，青果外皮变黑开始腐烂，有的脱落，坚果受侵害

5级　病斑多于30个且连接成片，青果变黑腐烂、早落，种仁无任何食用价值

调查后按下列公式计算病果率。

$$DP(\%) = \frac{n}{N} \times 100$$

式中：DP——病果率；

n——染病青果数；

N——调查总青果数。

根据病害级别和病果率，按下列公式计算病情指数。

$$DI = \frac{\sum(x \cdot n)}{X \cdot N} \times 100$$

式中：DI——病情指数；

x——该级病害代表值；

n——染病青果数；

X——最高病害级的代表值；

N——调查的总青果数。

根据病情指数及下列标准确定某种质的抗病性。

1　高抗（HR）（病情指数 <5）

2　抗（R）（5≤病情指数 <10）

3　中抗（MR）（10≤病情指数 <20）

4　感（S）（20≤病情指数 <40）

5　高感（HS）（40≤病情指数）

8.2　野核桃细菌性黑斑病抗性

抗病性鉴定采用田间调查法（参考方法）。

每种质随机取样 3～5 株，记载每株的发病情况、群体类型、立地条件、栽培管理水平和病害发生情况。根据症状病情分为 6 级。

级别　病情

0 级　无病症

1 级　青果皮上开始出现黑褐色小斑点，中央下陷龟裂并变为灰白色，青果略现畸形；沿叶脉出现黑色小斑

2 级　青果皮上出现黑褐色小斑点继续扩大，中央下陷、龟裂，并变为灰白色，青果略现畸形，果皮受到侵害；沿叶脉出现较大、近圆形或多角形黑褐色病斑

3 级　青果皮黑褐斑扩大，变黑、腐烂，开始侵染坚果；叶片出现多种形状病斑，外缘有半透明状晕圈

4 级　青果皮大部分变为黑褐色并腐烂，侵染坚果并脱落；病斑连成一片，叶片皱缩、枯焦，病部中央变为灰白色

5 级　整个青果变黑腐烂、早落；叶片残缺不全，提早脱落

同时按下列公式计算病果率。

$$DP(\%) = \frac{n}{N} \times 100$$

式中：DP——病果率；

n——染病果数；

N——调查的总果数。

根据病害级别和病果率，按下列公式计算病情指数。

$$DI = \frac{\sum (x \cdot n)}{X \cdot N} \times 100$$

式中：DI——病情指数；

x——该级病害代表值；

n——病果数；

X——最高病害级的代表值；

N——调查的总果数。

根据病情指数及下列标准确定某种质的抗病性。

1　高抗(HR)(病情指数 <5)

2　抗(R)(5≤病情指数 <10)

3　中抗(MR)(10≤病情指数 <20)

4　感(S)(20≤病情指数 <40)

5　高感(HS)(40≤病情指数)

8.3　白粉病抗性

抗病性鉴定采用田间调查法(参考方法)。

每种质随机取样 3 ~5 株，记载每株的发病情况、群体类型、立地条件、栽培管理水平和病害发生情况等。根据症状病情分为 6 级。

级别　病情

0 级　无病症

1 级　叶片正反面略微出现片状白粉薄层，略微出现黄斑，叶色略变黄

2 级　叶片正反面出现片状白粉薄层，出现黄斑，叶色开始变黄

3 级　叶片正反面出现较明显的片状白粉薄层，叶面有退绿的黄色斑块，叶色变黄

4 级　叶片正反面出现明显的片状白粉薄层，叶面有明显的退绿黄色斑块，叶色变黄，嫩叶停止生长，叶片开始变扭曲和皱缩

5 级　叶片正反面出现明显的片状白粉薄层，叶面有明显退绿黄色斑块，叶色变黄，嫩叶停止生长，叶片变扭曲、皱缩，嫩芽枯死，影响整株树木正常生长

同时按下列公式计算发病率。

$$DP(\%) = \frac{n}{N} \times 100$$

式中：DP——发病率；

n——染病株数；

N——调查的总株数。

根据病害级别和发病率，按下列公式计算病情指数。

$$DI = \frac{\sum (x \cdot n)}{X \cdot N} \times 100$$

式中：DI——病情指数；

x——该病害级代表值；

n——染病株数；

X——最高病害级的代表值；

N——调查的总枝数。

根据病情指数及下列标准确定某种质的抗病性。

1　高抗(HR)(病情指数 <5)

2　抗(R)(5≤病情指数 <10)

3　中抗(MR)(10≤病情指数 <20)

4　感(S)(20≤病情指数 <40)

5　高感(HS)(40≤病情指数)

8.4　举肢蛾抗性

了解野核桃举肢蛾的危害情况，7 月底幼虫开始脱果前进行田间调查(参考方法)。

选有代表性的地块调查 3 ~ 5 株树，按不同方位各检查 50 ~ 100 个青果；被幼虫钻蛀的青果表面流出透明或琥珀色水珠，早期被害的青果皮皱缩、变黑。统计被查果中的有虫果(被害果)，将查到的虫果和检查的青果数积加，计算被害果率。另外，采收时统计打下的无虫青果和落地的黑烂果、青皮皱缩果及早期落地果，计算出总虫果数和总结果数，再计算虫果率。然后根据虫果率多少评价某种质的被害程度。

$$DP(\%) = \frac{n}{N} \times 100$$

式中：DP——虫果率；

n——黑烂果和脱落果数；

N——调查果数(或总结果数)。

根据虫果率及下列标准，确定种质对举肢蛾的抗性。

1　高抗(HR)(虫果率 <2%)

2　抗(R)(2% ≤虫果率 <5%)

3　中抗(MR)(5% ≤虫果率 <10%)

4　感(S)(10% ≤虫果率 <25%)

5　高感(HS)(25% ≤虫果率)

注意事项：

必要时，计算相对虫果率，用以比较不同批次试验材料的抗虫性。

8.5 其他抗病菌特性

野核桃叶提取物的体外抗菌作用，对革兰氏阳性菌有明显的抗菌作用，并对新隐球菌亦有明显抗真菌效应。

9 其他特征特性

9.1 指纹图谱与分子标记

对进行过指纹图谱分析或重要农艺性状分子标记的野核桃种质，记录指纹图谱或分子标记的方法（RAPD、ISSR、SCAR、SSR、AFLP 等），并注明所用引物、特征带的分子大小或序列以及标记的性状和连锁距离。

9.2 备注

野核桃种质特殊描述符或特殊代码的具体说明。

野核桃种质资源数据采集表

1　基本信息				
全国统一编号(1)		种质圃编号(2)		
采集号(3)		种质名称(4)		
科名(5)		属名(6)		
学名(7)				
原产国(8)				
原产省(9)		原产地(10)		
海拔(11)	m			
经度(12)				
纬度(13)		来源地(14)		
系谱(15)		种质类型(16)	1:野生资源　2:遗传材料　3:其他	
图像(17)		观测地点(18)		
2　形态特征和生物学特性				
树体高矮(19)	1:矮小　2:中等　3:高大			
树姿(20)	1:直立　2:半开张　3:开张			
树冠形状(21)	1:圆球形　2:半圆形　3:圆锥形			
枝下高(22)	1:高　2:中　3:低	1 年生枝长度(23)	cm	
1 年生枝基径(24)	cm	1 年生枝节间长度(25)	cm	
发育枝颜色(26)	1:灰绿　2:银灰　3:灰褐　4:褐			
皮目大小(27)	1:小　2:中　3:大	皮目密度(28)	1:稀　2:中　3:密	
枝条茸毛密度(29)	1:稀　2:中　3:密			
小叶片形状(30)	1:卵圆形　2:倒卵圆形　3:椭圆形　4:矩椭圆形　5:矩圆形　6:纺锤形　7:披针形　8:阔披针形			

（续）

2　形态特征和生物学特性			
小叶数(31)	1:少　2:中　3:多	复叶柄长(32)	cm
复叶长(33)	1:短　2:长	复叶长宽比(34)	1:小　2:中　3:大
复叶面积(35)	1:小　2:中　3:大	叶色(36)	1:浅绿　2:黄绿　3:绿　4:浓绿
叶片含水量(37)	1:低　2:中　3:高	叶尖形状(38)	1:急尖　2:渐尖　3:骤尖
叶缘形状(39)	1:锯齿状　2:波纹状　3:全缘		
混合芽形状(40)	1:梯形　2:三角形　3:长三角形		
雌花数量(41)	个		
柱头颜色(42)	1:淡黄　2:黄绿　3:微红　4:鲜红		
雄花序长度(43)	cm	雄花序数(44)	个
花粉量(45)	1:少　2:中　3:多	花粉育性(46)	1:败育　2:可育
结果母枝粗度(47)	cm	侧芽抽生结果枝数(48)	个
侧芽抽生结果枝率(49)	%	连续结果能力(50)	1:弱　2:中　3:强
单枝结果数(51)	1:单果　2:单、双　3:双、三　4:三个以上		
二次生长(52)	1:无　2:有	坐果率(53)	%
实生早果性(54)	1:早　2:晚	丰产性(55)	1:低　2:中　3:高
萌芽期(56)		展叶期(57)	
雄花初花期(58)		雄花盛花期(59)	
雌花初花期(60)		雌花盛花期(61)	
核壳硬化期(62)		果实成熟期(63)	
果实发育期(64)	天	落叶期(65)	
青果与母体易剥离程度(66)	1:易　2:难		
青果形状(67)	1:圆形　2:椭圆形　3:近圆形　4:卵椭圆形　5:卵圆形		
青果颜色(68)	1:淡黄　2:黄绿　3:绿　4:浓绿		
青果长度(69)	1:短　2:中　3:长	青果宽度(70)	1:窄　2:宽
青果厚度(71)	1:薄　2:厚	青果重量(72)	g
青果斑点(73)	1:无　2:稀　3:密	青果表面茸毛(74)	1:无　2:有
青果顶部(75)	1:凸尖　2:微凸　3:平	青皮厚度(76)	mm
青皮剥离难易(77)	1:易　2:难		
坚果形状(78)	1:圆形　2:近圆形　3:短椭圆形　4:椭圆形　5:长椭圆形　6:卵形　7:倒卵形　8:圆筒形　9:方圆形　10:三角形		
坚果单果重(79)	g	坚果光洁度(80)	1:光洁美观　2:较光洁　3:粗糙
坚果颜色(81)	1:棕黄　2:浅褐　3:褐　4:深褐		

（续）

2　形态特征和生物学特性			
坚果顶部形状(82)	1:圆　2:尖圆　3:钝尖　4:锐尖　5:平　6:凹		
坚果底部形状(83)	1:较尖　2:钝尖　3:近圆　4:平		
缝合线特征(84)	1:凸出　2:微凸　3:不凸出		
缝合线周围凹陷(85)	1:明显　2:轻微凹陷　3:不明显		
棱脊数量(86)	1:6 条　2:7 条　3:8 条	核壳沟纹(87)	1:稀　2:密
核壳沟纹深浅(88)	1:浅　2:深	核壳厚度(89)	mm
内褶壁(90)		隔膜(91)	骨质
取仁难易(92)	1:易　2:难	出仁率(93)	%
核仁饱满度(94)	1:饱满　2:较饱满　3:干瘪	核仁平均重(95)	g
核仁皮色(96)	1:淡黄　2:黄褐　3:褐　4:深褐　5:紫红		
3　品质特性			
坚果颜色均匀度(97)	1:差　2:中　3:好	坚果均匀度(98)	1:差　2:中　3:好
核仁脂肪含量(99)	%	核仁蛋白质含量(100)	%
核仁风味(101)	1:差　2:中　3:好		
4　抗逆性			
抗旱性(102)	1:强　2:中　3:弱		
耐涝性(103)	1:强　2:中　3:弱		
抗寒性(104)	1:强　2:中　3:弱		
抗晚霜能力(105)	1:强　2:中　3:弱		
5　抗病虫性			
青果炭疽病抗性(106)	1:高抗　2:抗　3:中抗　4:感　5:高感		
野核桃细菌性黑斑病抗性(107)	1:高抗　2:抗　3:中抗　4:感　5:高感		
白粉病抗性(108)	1:高抗　2:抗　3:中抗　4:感　5:高感		
举肢蛾抗性(109)	1:高抗　2:抗　3:中抗　4:感　5:高感		
其他抗病菌特性(110)			
6　其他特征特性			
指纹图谱与分子标记(111)			
备注(112)			

填表人：　　　　审核：　　　　日期：

主要参考文献

[1]中国科学院《中国植物志》编辑委员会. 2013. 中国植物志(FOC)·胡桃科[M]. 北京:科学出版社.

[2]白顺江,纪殿荣,黄大庄. 2004. 树木识别与应用[M]. 北京:农村读物出版社.

[3]郗荣庭,刘孟军. 2005. 中国干果[M]. 北京:中国林业出版社.

[4]GB7907-87, 中华人民共和国核桃丰产与坚果品质国家标准.

[5]俞德浚. 1979. 中国果树分类学[M]. 北京:农业出版社.

[6]董启凤. 1999. 中国果树实用新技术大全《落叶果树卷》[M]. 北京:中国农业科学技术出版社.

[7]中国农业河北农业大学主编. 1980. 果树栽培学各论[M]. 北京:农业出版社.

[8]李合生. 1999. 植物生理生化实验原理和技术[M]. 北京:高等教育出版社.

[9]刘振岩,李震三. 2000. 山东果树[M]. 上海:上海科技出版社.

[10]刘庆忠等著. 2006. 核桃种质资源描述规范和数据标准[M]. 北京:中国农业出版社.

[11]郑万钧. 1979-1983. 中国树木志[M]. 北京:中国林业出版社.

[12]蒲富慎. 1990. 果树种质资源描述符[M]. 北京:农业出版社.

[13]山东省果树研究所. 1996. 山东果树志[M]. 济南:山东科技出版社.

[14]温陟良,郗荣庭. 2001. 干果研究进展(2)[M]. 北京:中国林业出版社.

[15]郗荣庭,刘孟军. 2003. 干果研究进展(3)[M]. 北京:中国农业科学技术出版社.

[15]郗荣庭,刘孟军. 2005. 干果研究进展(4)[M]. 北京:中国农业科学技术出版社.

[16]赵世杰,刘华山,董新纯. 1998. 植物生理学实验指导[M]. 北京:中国农业科学技术出版社.